Im Wald — Seite 63

Mufflon
— Seite 72

Gartenschläfer
— Seite 78

Abendsegler
— Seite 84

Waldspitzmaus
— Seite 86

Dachs
— Seite 88

Luchs
— Seite 94

RALF BÜRGLIN

DIE SIEHST DU!

TIERE UM DICH HERUM –
DER KOSMOS-NATURFÜHRER

KOSMOS

INHALT

FASZINATION SÄUGETIERE BEOBACHTEN

Rehkitze gibt's ab Mai zu beobachten.

EPISODE 1: Aschaffenburg, 22. Mai. Ich jogge durch den Stadtpark Schönbusch – auf meine Weise. Ein Pocket-Fernglas hängt straff am Riemen diagonal über der Brust, so dass es nicht baumelt und mich beim Laufen stört. Sollte ein Tier meinen Weg kreuzen, bin ich bereit anzuhalten, um zu beobachten.
Das Gras auf den Wiesen steht hoch. Irgendwo zwischen den Millionen Halmen legen die Rehmütter ihre Jungen ab und kommen nur gelegentlich vorbei, um ihren Nachwuchs zu säugen. Wenn sie am Abend ins Offene ziehen, ist um diese Jahreszeit die Chance groß, dass sie ihr Junges aufsuchen. Im Augenwinkel werde ich auf ein Reh aufmerksam, das sich aus dem Wald traut. Gemächlich komme ich zum Stehen.
Wie ein Biathlet schnaufe ich durch, bringe

den Puls runter und nehme statt eines Gewehrs mein Fernglas hoch. Ich atme, werde ruhiger, und nach ein paar mehr Schnaufern kann ich das Glas so ruhig halten, dass ich das Reh in einem nicht mehr wackelnden Rahmen sehe. Dass es ein Weibchen ist, habe ich gleich wahrgenommen, weil auf dem Kopf kein Geweih zu sehen ist. Aber kann es ein Muttertier sein oder ist es ein Schmalreh, wie der Jäger sagt, also ein einjähriges Weibchen, das noch zu jung für Nachwuchs ist?
Ich suche nach Merkmalen, betrachte mir das Gesicht und den Hals. Beim Schmalreh ist das Gesicht kindlich und der Hals dünner. Ein Blick von hinten wäre auch hilfreich. Nur beim Muttertier lässt sich ein praller Euter erkennen. Schließlich dreht es sich in die richtige Richtung: Ja, das muss eine Rehmama sein. Dann dauert es nochmals einige Minuten und plötzlich taucht das Junge von irgendwo aus dem Grasmeer auf und steht bei seiner Mutter, wo es gleich zu trinken beginnt. Was für ein schönes Bild!

EPISODE 2: Endenburg, Schwarzwald, 18. März. Da sitzt eine Maus. Unter einer Treppe der Privatklinik „Haus am Stalten" hat sie ihr Versteck. Sie macht kurze Ausflüge in die Umgebung und kommt dann wieder zurück unter ihre Stufe. Ich kann die Art auf Anhieb nicht bestimmen. Um das Tierchen besser sehen zu können, locke ich es mit Sonnenblumenkernen an eine übersichtliche Stelle. Es dauert nicht lange und die Maus hat die Kerne entdeckt.
In der nächsten freien Minute organisiere ich meine Kamera mit Teleobjektiv, komme zurück und warte hinter einem Blumenkasten in vier Meter Abstand auf meine Maus.
In der Zoologie habe ich gelernt, wie man Arten anhand eines Bestimmungsschlüssels systematisch identifiziert. Bei Säugetieren basiert der Schlüssel teils auf Maßen von Körperteilen oder Schädelmerkmalen. Dafür braucht man tote Tiere und präparierte Schädel. Ich will hier jetzt aber nicht Mäuse jagen und zerlegen, sondern beobachten. Irgendwie, denke ich, sollte es doch auch möglich sein, nur durch Beobachten und Fotos aus der Distanz, herauszufinden, um welche Art es sich handelt. Ich bin zu Hause angelangt und schaue mir meine Fotos an: Meine Maus ist im Vergleich zu Ratte oder Bisam klein, und sie hat einen Schwanz, der kürzer als die Hälfte der Kopf-Körper-Länge ist. Damit weiß ich schon mal, dass ich es mit einer kleinen Wühlmausart zu tun habe. Ich checke die Verbreitung: Wir sind hier in Südwestdeutschland. Damit fallen Nordische Wühlmaus und Schneemaus schon mal raus. Ich prüfe die Augengröße: im Vergleich groß. Damit scheidet die Kleinäugige Wühlmaus aus. Die Ohren: sind deutlich sichtbar und nicht etwa weitgehend vom Fell verdeckt. Somit kann ich auch die Erdmaus ausschließen. Das Fell: ist nicht etwa gelblich braun oder graubraun, sondern rötlich-braun. Und schon hab ich's: Es ist eine Rötelmaus! Beobachten und kniffeln: macht Laune!

Beim Mäuse beobachten heißt's erst mal: Art bestimmen!

WAS IST DAS DENN FÜR EIN HOBBY?

Wie uns die Säugetiere um uns herum faszinieren können, hast du auf den vorherigen Seiten gelesen. Trotzdem begegnen einem genug Leute, bei denen man hinter Stirnfalten lesen kann: „Tiere beobachten – was soll DAS denn?" Zoologe Vladimir Dinets ist der Meinung: „'Mammal Watching' ist heute da, wo Vogelbeobachtung vor einem Jahrhundert war." Damals war „Bird Watching" ein wenig bekanntes Hobby, das von ein paar wenigen „schrägen Vögeln" praktiziert wurde. Es gab keine Feldführer in Taschenbuch-Format und von vielen Arten glaubte man, sie seien draußen nicht bestimmbar. Aber die Dinge haben sich geändert.

Heute ist „Bird Watching" nach Dinets der am schnellsten wachsende Tourismus-Sektor. Laut einer 2016er-Studie des Fish and Wildlife Service gibt es in Amerika 45 Millionen Birdwatcher. An der NABU-Aktion „Stunde der Wintervögel" meldeten hiesige Vogelbeobachter allein zum 14. Januar 2021 knapp 5 Millionen Vögel.

Und wie steht es ums „Mammal Watching"? Wie damals bei den Vögeln gibt es bis heute wenige Bestimmungsbücher für Säugetiere. Der Bestimmungs-Klassiker „Brohmer – Fauna von Deutschland" weist auch noch in der 25. Auflage an, Zähne beziehungsweise Zehen zu zählen, um Spitzmäuse und Raubtiere zu bestimmen. Das geht tatsächlich auch Beobachter-freundlicher!

Auf den Webseiten des ältesten Nationalparks in Deutschland, dem Nationalpark Bayerischer Wald, sucht man auch nach 50 Jahren vergeblich den Programmpunkt „Tierbeobachtung". Glaubt man dort immer noch, ein „Hirschgehege" oder ein „Tierfreigelände",

Steinbock und Tierbeobachter: In nicht-bejagten Gebieten kann Tierbeobachtung ganz einfach sein.

Es kann super spannend sein, nachts Tiere aufzuspüren.

in dem Tiere unter Zoobedingungen zu sehen sind, könnten das Beobachten von Tieren in der Natur ersetzen? Die Zahlen sagen, dass viele Besucher etwas anderes wollen. Laut Zoologe Dinets steigt die Popularität fürs Wilde-Säugetiere-Gucken „exponentiell". Dass Säugetiere noch interessanter als Vögel sind, liegt auf der Hand. Was Größe, Körperformen und Lebensweise anbelangt, sind sie vielseitiger. Es gibt fliegende und aquatische Säugetiere, aber keine Vögel, die unter der Erde leben oder ausschließlich im Wasser. Dass Vogelbeobachtung bislang populärer war, liegt daran, dass sie leichter

Die Spurenanalyse (hier von Wolf) ist ein Teil der Tierbeobachtung.

zu sehen sind. Mittlerweile gibt es neue, faszinierende Techniken, die es ermöglichen, die oft nachtaktiven Säuger fast wie am Tag zu erleben (s. Ausrüstung, S. 14).

Wer Säuger ambitioniert beobachtet, begibt sich auf ein neues Level der Intimität mit der Natur. Du lernst aufmerksamer, geduldiger und sensibler zu sein. Du verinnerlichst das Alphabet der Spuren und die Sprache von raschelndem Laub. Du wirst in der Lage sein, tierische Düfte zu interpretieren und du wirst dich in der Natur zu Hause zu fühlen – und das nicht nur am Tag, sondern auch mitten in der Nacht.

Wenn du dir die notwendigen Fähigkeiten angeeignet hast, erlebst du in Echt, was anderen nur vor dem Bildschirm vergönnt ist: Ich habe über einen Steinbock gelacht, der einen Hang abrutschte, weil er oben an der Kante eingeschlummert war und das Gleichgewicht verlor. Ich habe einem Bären in ruhigen Worten erklärt, dass sich unsere Wege nur zufällig gekreuzt haben, und ich ihn nicht weiter stören möchte (Das fand er, glaube ich, ok.). Ich war Zeuge wie ein Wolf einen Fischotter erbeutete und ich weiß wie eine Wasserspitzmaus schmatzt, wenn sie sich einen Engerling in ihren Spitzmausmund schiebt. Das sind Beobachter-Highlights, die einen zum Jubeln bringen!

WIE FINDE ICH SIE?

Wer keinen Wert darauf legt, oder nicht geübt ist, sieht selten wildlebende Säugetiere. Tatsächlich sind immer irgendwelche Tiere unterwegs, meist kommt es nur darauf an, zur richtigen Zeit am richtigen Ort zu sein und sie nicht schon beim Annähern zu verscheuchen. Viele Säugetiere sind in der Dämmerung aktiv, also kurz vor und nach Sonnenauf- oder untergang. Es gibt aber auch tagaktive Tiere wie Gämse, Murmeltier und Rötelmaus oder konsequent nachtaktive Tiere wie die meisten Fledermausarten. Andererseits sind verschiedene Tierarten auch sehr anpassungsfähig und je nach Bedingung tag oder nachtaktiv. Meist macht die Jagd den Unterschied. Manchmal überlagern sich Zeitvorlieben und andere Umweltfaktoren: Den nachtaktiven Wildschweinen sind etwa Vollmondnächte zu hell. Viele Tiere mögen keinen Regen, und Rehe treten vor allem nach einem Gewitter aus dem Wald auf die Wiese. Auf viele Tiere brauchst du im Winter nicht zu warten, weil sie wie Igel, Siebenschläfer oder Feldhamster Winterschlaf machen. Fischotter an der Küste sind am besten bei Ebbe zu beobachten, weil sie vor allem dann jagen, wenn sie für bodennah lebende Fische nicht so tief tauchen müssen.

WIE VERMEIDEST DU GERÄUSCHE?
Grundsätzlich solltest du dich im Gelände unauffällig verhalten. Das versteht sich eigentlich von selbst, ich will's hier trotzdem betonen: Wer Geräusche macht, wird gehört. Erstes Gebot: Klappe halten! Deswegen ziehst du am besten allein los. Wenn du in der Gruppe unterwegs bist, geh als erster. Durch die Art wie du unterwegs bist (schleichen!) und gelegentliche Zeichen kannst du die Gruppenmitglieder (fast) wortlos anleiten leise zu sein.

Wer helfen möchte, darf Wildtiere (hier Gartenschläfer) kurzfristig aufnehmen – und beobachten.

Eine erfolgreiche Beobachtung ist auch eine Sache der richtigen Kleidung.

Eine Jacke, die raschelt, lässt Du am besten zu Hause. Reißverschlüsse an Taschen sind zwar generell praktisch, aber laut. Wenn du daran ziehst, zieh langsam, direkt am Schlitten und nicht an der Zunge, das dämpft das Geräusch. Klettverschlüsse sind ebenfalls heikel. Trekking-Stiefel haben viele Vorteile, aber harte Sohlen sind vor allem auf losem, hartem Untergrund – gesplittete Wege, Bachbetten, etc. – sehr laut. Weiche Sandalen können dort und im Wasser von Vorteil sein. Übrigens: Mückenklatschen geht auch nicht. Besser du cremst dich vorher ein.

Ein anderer Punkt ist die Farbe. Generell empfehle ich unauffällige, naturfarbene Kleidung. Viele Säugetiere sind zwar ganz oder teils farbenblind, manche sehen Farben aber durchaus. Bei Vögeln kann man wohl davon ausgehen, dass sie die meisten Farben gut sehen. Fliegen sie auf und schlagen Alarm, sind auch Säugetiere alarmiert. Und nicht zuletzt leben wir hier in einem dicht besiedelten Land, und beim Beobachten will man ja auch von seinen Artgenossen nicht unbedingt behelligt werden. Meine Daunenjacke ist allerdings knallrot. Ich trage sie unter einer Arbeitsjacke (Foto oben), sodass sie geschützt ist. Für den Fall, dass ich mir mal was breche und liegen bleibe, kann die Warnfarbe helfen, mich zu finden.

UND WAS SAGT DER GESETZGEBER?

Der macht's ganz schön kompliziert und hat gleich verschiedene Gesetze auf Lager. Jagdbare Tiere, auch solche mit ganzjähriger Schonzeit, sind beispielsweise nach dem Jagdgesetz geschützt, andere nach dem Naturschutzgesetz. Im Bundesjagdgesetz heißt es: „Verboten ist, Wild, insbesondere soweit es in seinem Bestand gefährdet oder bedroht ist, unbefugt an seinen Zuflucht-, Nist-, Brut- oder Wohnstätten durch Aufsuchen, Fotografieren, Filmen oder ähnliche Handlungen zu stören." Was heißt das? Grundsätzlich liegt hier die Betonung auf „stören". Ich darf also durchaus beobachten und fotografieren, muss aber sicherstellen, dass ich nicht beunruhige. Das Bundesnaturschutzgesetz sagt, es ist „verboten, wild lebende Tiere ohne vernünftigen Grund zu fangen." Ich lebe in einem alten Bauernhaus – gelegentlich zusammen mit Gelbhals-, Rötel- und Hausspitzmäusen. Ich setze Lebendfallen ein. Sie ermöglichen mir interessante Beobachtungen und die Tiere sind kurz darauf wieder in Freiheit.

WARTEN, PIRSCHEN ODER PESEN?

Auf Bären wartet man dort, wo sie sich zum Fressen einfinden.

Willst du einem Säugetier begegnen, stellt sich die Frage: Soll ich auf das Tier in einem Versteck warten, vorsichtig und leise durchs Gelände schleichen oder flott eine möglichst große Strecke zurücklegen, um auf mein Tier zu treffen? Kurze Antwort: Es kommt darauf an.

RICHTIG WARTEN

An einer Stelle auf ein Tier zu warten, macht nur dann Sinn, wenn absehbar ist, dass es auch vorbeikommt. Das kannst du am Rande einer Wiese machen, wo die Rehmama ihr Kitz abgelegt hat; an einer Schlammsuhle mit frischen Wildschweinspuren oder wo Früchte gerade reif sind und du Fraßspuren entdeckt hast. Statt Spuren kann dir auch eine Wildkamera anzeigen, dass beispielsweise ein Steinmarder an einer Stelle regelmäßig vorbeikommt (siehe Kapitel Ausrüstung).
Im Idealfall sitzt man an einer Stelle so an, dass das Tier einen nie bemerkt. Das kann man über die Entfernung regeln oder indem man in einem Versteck hockt. Zu bedenken ist allerdings, dass Säugetiere oft nicht nur

gut sehen, sondern auch hören und riechen. Das solltest du berücksichtigen, wenn du überlegst, wo du warten möchtest. Wer ausdauernd von einer Stelle aus beobachtet, kann die schöne Erfahrung machen, dass die Tiere sich mit der Zeit an den Beobachter gewöhnen. Das kann z. B. bei Füchsen, Dachsen oder Waschbären gelingen. Der große Vorteil des Ansitzens ist, dass du eher spezielle Verhaltensweisen zu sehen bekommst, etwa ein Gerangel zwischen Hirschen oder ein Murmeltier, das seinem Jungen das Fell durchwalkt.

PIRSCHEN ZU FUSS / MIT DEM AUTO

Unter Pirschen versteht man das vorsichtige Schleichen mit dem Ziel, Tiere zu sehen, bevor man selbst gesehen wird. Das Wichtigste dabei ist, leise zu sein und gegen den Wind zu gehen. Zu Beginn einer Pirschtour kannst du oft noch wie bei einem Spaziergang unterwegs sein. Doch je näher du dem Tier kommst – zu kommen glaubst –, desto vorsichtiger solltest du dich bewegen. Oft lohnt es sich, so lange wie möglich auf dem Weg zu bleiben. Ist der Weg gesplittet, kann es helfen, auf den Rand auszuweichen, damit es unter den Sohlen nicht so knirscht (weiche Sohlen!). Abseits von Wegen siehst du oft nicht genau, was da vor dir liegt: ein Ast unter verfilztem Gras … knack! … weg ist der Dachs. Es kann trotzdem gelingen, nahezu geräuschlos unterwegs zu sein, im Idealfall so leise, dass du dich beim Schleichen selbst nicht mehr hörst. Und das geht so:
Wenn du nicht sicher sein kannst, wo du hintrittst, behalte das hintere Bein so lange wie möglich als Standbein (leicht gebeugt). Fahre das vordere Bein wie den Arm eines Krans aus. Erst wenn die Fußspitze den Boden ertastet hat und klar wird, dass du geräuschlos auftreten kannst, verlagere das Gewicht nach vorn und mache aus dem „Tastbein" dein neues Standbein. Ziehe dann das andere Bein nach – und so weiter. Du wirst sehen, das ist ziemlich anstrengend! Aber vor allem kann es auch sehr befriedigend sein, wenn du auf diese Weise eine Position einnehmen kannst, die dir den Ausblick auf eine Waldlichtung erlaubt, auf der Wildschweine gerade nach Würmern buddeln.
Es kann sinnvoll sein, aus dem Auto heraus zu beobachten, vor allem wenn Tiere in geringer Dichte verbreitet sind. Wer selbst viel Strecke macht, erhöht die Wahrscheinlichkeit, seltene Tiere im Gelände zu entdecken.
Es versteht sich von selbst, dass man beim „Autopirschen" nicht zu schnell fährt – und angepasst an den Verkehr. Du kannst alle paar Kilometer an einer übersichtlichen Stelle stoppen und das umliegende Gelände mit Fernglas oder Taschenlampe absuchen. Das Auto dient außerdem als mobiles Versteck.
Mit dem Drahtesel zu pesen, kann eine gute Alternative sein, um in kurzer Zeit eine große Fläche abzusuchen.

Wassertiere lassen sich gut von einem Boot aus beobachten.

AUSRÜSTUNG

FERNGLÄSER

Ein Fernglas ist ein Muss. Es zählt zur Grundausrüstung jedes Tierbeobachters. Es zahlt sich nicht nur aus, wenn du auf der anderen Talseite den Bären entdeckst. Auch auf drei Meter Entfernung kann es eine große Hilfe sein, beispielsweise um erkennen zu können, ob bei der schwarzweißen Spitzmaus, die da wuselt, auf der Unterseite des Schwanzes ein weißer Borstensaum erkennbar ist (Wasserspitzmaus!) oder ob dieser fehlt und die Ohren groß sind (Feldspitzmaus!).

Ferngläser sind mit zwei Zahlen, z. Bsp. 7 x 42, gekennzeichnet. Die erste Zahl ist der Vergrößerungsfaktor, die zweite Zahl der Objektiv-Durchmesser. Üblicherweise liegt die Vergrößerung bei 7, 8 oder 10. Je höher die Zahl, desto stärker die Vergrößerung. Bei 10-fach tun sich manche schwer, das Glas und damit das Bild ruhig zu halten. Die Objektiv-Durchmesser liegen z. B. zwischen 20 bis 50 mm. Je größer die Zahl, desto heller das Bild, desto größer, schwerer und teurer das Fernglas. Leihe dir erst mal Gläser aus, und probiere, was für dich am besten sein könnte. Ein Spektiv ist die perfekte Ergänzung, vor allem wenn die Tiere sehr weit weg sind.

Ein 7x42: Kompromiss aus gutem Bild und Gewicht.

TASCHENLAMPEN

Wofür eine Lampe gut ist, liegt auf der Hand. Die Tiere reagieren ganz unterschiedlich auf Licht: Reh und Hase lassen sich meist nicht groß stören. Andere wie Fuchs und Wildschwein explodieren fast, wenn der Lichtkegel sie trifft. Bei Licht-empfindlichen Arten kann es günstig sein, wenn du eine Lampe im Sortiment hast, die du auf Rotlicht umschalten kannst. Der Nachteil: Das farbige Licht schränkt die Reichweite stark ein. Und noch was Grundsätzliches: Bist du auf eine Lampe angewiesen, denke immer an eine Ersatzlampe – besser zwei. In einer Höhle oder nachts um Zwei im Wald plötzlich ohne Licht zu sein, ist kein Spaß.

Vor allem zwei Faktoren sind wichtig, wenn es um die Eigenschaften einer Lampe geht: die bereits erwähnte Lichtfarbe und die Helligkeit. Die Helligkeit einer Lampe wird mit der Einheit „Lumen" angegeben. Dabei gilt ein Wert von 1000 bereits als hoch. Damit kannst du bis zu 300 Meter weit leuchten. Taschenlampen mit 5000 Lumen – für mehrere 100 Euro – gibt's auch. Allerdings ist zu bedenken: Wer bei TASCHEN-Lampe an eine Lampe für die Hosentasche denkt, für den kommt eine Lampe mit 3000 Lumen kaum in Frage – zu groß, zu schwer.

FOTOGRAFIEREN

Wie man Tiere fotografiert, darüber sind bereits unzählige Bücher geschrieben worden. An dieser Stelle nur so viel: Wer Tiere beobachten will, muss kein guter Tierfotograf sein. Die Fotografie ist mehr als Teil des Beobachtens zu sehen. Das Bild – auch ein schlechtes – kann wichtig sein, wenn es darum geht, eine Tierart zu bestimmen.

Eine Frage gibt es, die die Tierbeobachter derzeit (2022) umtreibt: Spiegelreflexkamera oder spiegellose Kamera? Die Zukunft gehört ganz klar der spiegellosen Kamera, schon einfach deshalb, weil man mit ihr lautlos fotografieren kann und die Tiere nicht stört. Das Problem ist (noch): Die besten Teleobjektive gibt es derzeit

Ein Damhirsch – gesehen durch eine Wärmbildkamera.

nur für Spiegelreflexkameras. Deswegen: Markt beobachten.

WILDKAMERAS

Eine Wildkamera ist eine automatische Kamera, die auslöst, sobald sich etwas davor bewegt. Zur Rechtslage nur so viel: In verschiedenen Bundesländern ist es nicht mehr ohne Weiteres erlaubt, Wildkameras draußen aufzubauen. Stichwort: Persönlichkeitsrechte. Aber es gibt auch Auslegungsspielraum.
In der Biologie ist es eine gängige Methode, Tiere mit Wildkameras nachzuweisen. In jedem Fall ist es sinnvoll, die Kamera an Orten zu installieren, die nicht für den Publikumsverkehr gedacht sind. Ansonsten ist die Wildkamera ein prima Spielzeug für den Tierbeobachter. Verbunden mit einem Sender, kann sie Dir aufs Handy funken, was sich gerade vor der Kamera tummelt. Wenn Dir die Kamera öfter ein Tier meldet, lohnt es sich, es mal zu versuchen, das Tier vor Ort mit eigenen Augen zu sehen.

NACHTSICHTGERÄT

Der Name sagt schon, worum es geht: ein Gerät ermöglicht Sehen in der Nacht. Es gibt verschiedene Funktionsweisen, auf die ich hier aus Platzgründen nicht eingehe. Wichtig für den Tierbeobachter: Ab etwa 100 Euro ist man für ein Gerät schon mit dabei (nach oben fast keine Grenzen). Was man durchs Gerät sieht, ist eine realistische Umgebung in Schwarzweiß (manchmal mit einem Grünstich). Auch mit einem Billiggerät ist man in der Lage, zum Beispiel das Fellmuster einer Wildkatze zu sehen und aufzuzeichnen. Die Reichweite liegt bei 100 bis mehreren 100 Metern. Nachteil: Vor allem mit den günstigen Geräten tut man sich schwerer, das Tier im Sucher zu entdecken.

WÄRMEBILDKAMERA

Eine Wärmebildkamera wandelt Infrarot (IR)-Strahlung in ein Bild. IR-Strahlung wird von allen Oberflächen mehr oder weniger stark abgegeben, von warmblütigen Organismen aber besonders stark. Je nachdem, wie das Gerät eingestellt ist, hebt sich der Körper des Tieres als helle, dunkle oder bunte Fläche von der Umgebung ab (Foto oben). Das dargestellte Bild ist nur bei teuren Geräten und Tieren, die nicht sehr weit weg sind, einigermaßen detailgetreu. Der höchste Trumpf der Wärmebildkamera ist seine Eigenschaft, die Tiere auch in großer Entfernung zu entdecken. Ein Hirsch auf 1000 Meter, eine Maus auf 100 Meter sind kein Problem.

BAT-DETEKTOR

Die Infos dazu gibt's bei den Fledermäusen (Seite 18).

MÄUSE-CHAOS

Die Waldspitzmaus gehört zu den „Rotzähnigen" – sieht man auch!

Eine Grundvoraussetzung fürs Beobachten ist, dass man weiß, mit wem man es zu tun hat. Das ist bei den „Mäusen" so eine Sache. Schon bei den Namen gibt es ein Wirrwarr. Selten ist ein Begriff von deutschen Biologen verschwenderischer vergeben worden als der der „Maus". Da gibt es Spitzmäuse, Wühlmäuse, Fledermäuse, Haselmäuse, Birkenmäuse und auch noch Echte Mäuse. Und die einen haben mit den anderen sehr wenig bis nichts zu tun. Sie gehören teils zu eigenen Gattungen, Familien und sogar Ordnungen. Fledermäuse und Echte Mäuse in einen Topf zu werfen, das wäre wie Wale und Hasen zu direkten Verwandten machen zu wollen. Die Engländer haben es besser hingekriegt. Da heißen die Fledermäuse "bats", die Spitzmäuse "shrews", die Wühlmäuse „voles". Das Wort "mouse" taucht bei diesen Tiergruppen gar nicht erst auf.

SPITZMÄUSE

Dröseln wir das Mäuse-Chaos weiter auf: Spitzmäuse: Ja o.k., sie sehen ein bisschen aus wie Mäuse, aber sie sind keine. Vielmehr gehört diese spezielle Gruppe der Säuger zu den so genannten „Insektenfressern". Meist sind Spitzmäuse so mit Fressensuchen beschäftigt, dass sie gar nicht mitbekommen, wenn du in ihrer Nähe bist. Es kann sogar passieren, dass sie dir über den Schuh laufen, wenn du ihnen im Weg stehst.

In Deutschland leben neun Arten, die Zoologen in drei Gruppen aufteilen: Rotzähnige Spitzmäuse (4 Arten), Wimperspitzmäuse (3) und Wasserspitzmäuse (2).

ROTZÄHNIGE SPITZMÄUSE

Wie der Name vermuten lässt, sind ihre Zähne bzw. Zahnspitzen tatsächlich rot – ein Merkmal, das sie mit den Wasserspitzmäusen teilen. Es gibt allerdings selten Gelegenheit, darauf zu schauen. Leichter zu sehen ist, dass ihre Ohren sehr klein sind und ihre Schwänze kurz, dicht und glatt behaart.

Die Waldspitzmaus ist die häufigste Rotzähnige. Sie ist meist dreifarbig: oben dunkelbraun, an den Seiten hellbraun, unten hellgrau. Die nah verwandte Schabrackenspitzmaus kannst du anhand von äußerlichen Merkmalen nicht sicher von ihr unterscheiden. Die Zwergspitzmaus ist mit 4 bis 6 cm Länge – ohne Schwanz – kleiner als die Waldspitzmaus. Sie ist oben braun und unten heller. Der Schwanz ist im Verhältnis zur Körperlänge länger. Die selten dokumentierte Alpenspitzmaus ist einheitlich grauschwarz mit langem Schwanz.

WIMPERSPITZMÄUSE
Der Gattungsname „Wimperspitzmäuse" bezieht sich nicht etwa auf Wimpern an den Augenlidern. Die Wimpern stehen vielmehr im 45° Winkel von den Schwänzen ab (Foto rechts). Sie sind allerdings so fein, dass man schon genau hinschauen muss.
Ein anderer Name der Gruppe ist „Weißzahnspitzmäuse". Die Zähne sind tatsächlich weiß, aber wie bei den Rotzähnigen gilt: Man sieht sie nicht so leicht. Bestes Erkennungsmerkmal sind die großen Ohren. Garten- und Hausspitzmaus sind beide oben graubraun und unten hellgrau mit fließendem Übergang. Die Gartenspitzmaus ist kleiner. Die Feldspitzmaus ist oben dunkelbraun und unten hell – mit scharfer Grenze.

WASSERSPITZMÄUSE
In dieser Gruppe gibt es zwei Arten, die eigentliche Wasserspitzmaus und die Sumpfspitzmaus. Beide Arten sind oben dunkel und unten weißgrau – mit markanter Grenze. Schwanz und Hinterfüße sind mit einem hellen Borstensaum besetzt. Es gehört zu den Highlights des „Mäuse"-Beobachters, sie beim Schwimmen und Tauchen beobachten zu dürfen. Die Arten zu unterscheiden ist schwierig.

ECHTE MÄUSE
Alle acht Arten Deutschlands haben mindestens körperlange Schwänze. Dazu zählen Haus- und Wanderratte, wobei die Hausratte hierzulande sehr selten geworden ist. Eine zweite Gruppe innerhalb der Echten Mäuse sind die Waldmäuse – mit der eigentlichen Waldmaus, der Gelbhalsmaus und der Alpenwaldmaus. Sie alle sind oben bräunlich,

Der typische Schwanz einer Wimperspitzmaus.

unten hell – mit scharfer Trennungslinie. Augen und Ohren sind groß, der Schwanz lang. In der Gruppe zu erwähnen sind noch Brand-, Zwerg- und Hausmaus. Auch diese tollen Wusler haben wir in eigene Kapitel gepackt.

WÜHLMÄUSE
Bei Mitgliedern dieser Familie ist der Kopf nicht mausespitz, sondern stumpf. Weil sie tatsächlich viel Zeit damit verbringen zu wühlen, sind die Ohren meist klein und manchmal fast völlig im Pelz versteckt. Wichtigstes Unterscheidungsmerkmale gegenüber den Echten Mäusen ist der kurze Schwanz, der höchstens die Hälfte der Körper-Kopf-Länge ausmacht. Ausnahmen gibt's auch. In diesem Fall ist es die eingeführte südamerikanische Bisam, deren Schwanz fast körperlang sein kann. Insgesamt leben bei uns acht Wühlmausarten. Bisam und Schermaus sind schon wegen ihrer Größe sehr auffällig. Die silbergraue Schneemaus macht es dem Bestimmer aufgrund von Fellfarbe und Verbreitung in den Alpen leicht. Ähnliches gilt für die Waldbewohnerin Rötelmaus mit ihrem rötlichen Rückenfell. Schwieriger zu bestimmen sind die restlichen kleinen Wühlmäuse: Kleinäugige Wühlmaus, Nordische Wühlmaus, Erdmaus und Feldmaus.. Versuch's trotzdem!

MACH MAL DIE FLATTER!

Referent und Teilnehmer einer Fledermaus-Exkursion.

Abendsegler.

Wer Fledermäuse beobachten möchte, gibt auf der NABU-Webseite unter „Fledermaustermine" eine Stadt ein und bekommt dann Termine für geführte Touren vorgeschlagen. Vor Ort erzählt der Exkursionsleiter zunächst etwas zur Biologie der Fledermäuse, bevor er die Tiere im Gelände zeigt. Mit einem Ortungsgerät (Bat-Detektor) prüft er, ob die Flattertiere unterwegs sind, schaltet dann die Taschenlampe an und versucht die Tiere in den Lichtkegel zu bekommen. Wenn's klappt, machen die Leute „Aah" und „Ooh". Fledermäuse auf eigene Faust dort aufzusuchen, wo sie ihre Jungen aufziehen – in der Wochenstube – oder in der Winterhöhle, ist heute aus Artenschutzgründen kaum mehr möglich. Wer unbedingt mal nahe rankommen möchte, der kann sich an eine Fledermausgruppe wenden und anbieten, bei Zähl- und Putzaktionen, etwa in einem Kirchturm, mitzumachen.

FLEDERMAUS-KNIGGE

Es ist immer angebracht, sich in der Natur und speziell in der Nähe von Tieren ruhig und rücksichtsvoll zu verhalten. Auffällig bei Fledermaus-Exkursionen ist, dass die Tiere offensichtlich unbeeindruckt sind, wenn die Teilnehmer vor Begeisterung munter plappern. Bei Fledermaus-Führungen ist sehr beliebt, zum Beispiel Wasserfledermäuse während der Jagd ins Rampenlicht zu setzen, sprich mit Taschenlampen zu beleuchten. Bei ihren Flugmanövern blitzt immer wieder die helle Unterseite auf. Das Highlight ist, wenn eine Fledermaus ein Insekt von der Wasseroberfläche keschert.

Die meisten Fledermaus-Experten haben keine Bedenken, wenn auch die Teilnehmer mit ihren Lampen die Gegend ausleuchten.

Andere raten dazu, die Lampen zunächst ausgestellt zu lassen und sie nur dann kurz anzumachen, wenn der Bat-Detektor anzeigt, dass ein Tier in der Nähe ist. Kommen die Tiere bis unmittelbar ans Ufer – dorthin, wo man selbst steht – ist es ratsam, Rotlicht zu verwenden.

FLEDERMÄUSE BESTIMMEN

Ob sich Fledermäuse irgendwo verstecken, verrät manchmal der Kot der Tiere, der sich unter einem Versteck ansammelt. Auf den ersten Blick unterscheidet sich Fledermauskot von Mäusekot nur wenig. Mit einer Quetschprobe (Nimm ein Stückchen Holz!) kommt man den Tieren weiter auf die Spur. Zerdrückt man Fledermauskot, entsteht trockener, krümeliger Staub. Mäusekot, der Pflanzenfasern enthält, zerfällt nicht auf diese Weise. Bei größeren Fledermausarten, wie zum Beispiel dem Mausohr, das sich von Käfern ernährt, nimmt man manchmal ein metallisches Glitzern auf der Kotoberfläche wahr. Der Glanz stammt von Flügeldeckenstückchen der Beutetiere.

Von allen Säugetiergruppen sind Fledermausarten mit am schwierigsten zu identifizieren. Exakte Ergebnisse erhält man in der Regel nur, wenn man die Tiere in der Hand hält, um Details sehen zu können. Dazu müssen sie gefangen werden, was in Deutschland so ohne Weiteres nicht erlaubt ist.

Es gibt eine schonende Methode, mit der man den Artstatus von Fledermäusen immerhin ziemlich genau bestimmen kann, und zwar mit dem Fledermaus- oder Bat-Detektor. Ein Bat-Detektor ist ein elektronisches Gerät, das die Ultraschalllaute von Fledermäusen in für Menschen hörbare Töne umsetzt. Das Ergebnis ist ein Stakkato von knackenden, klickenden oder schmatzenden Geräuschen. Jede Art hat ihre eigenen charakteristischen Rufe, die man wie Vogelstimmen lernen kann. Mittlerweile gibt es auch Aufsatzgeräte fürs Handy, die die Rufe erkennen und den Artnamen auf dem Display anzeigen.

BESTIMMEN OHNE SCHNICKSCHNACK

Es gibt einige wenige Gelegenheiten, bei denen man auf Detektoren und kompliziertes Bestimmen verzichten kann und trotzdem weiß, mit wem man es zu tun hat. Abendsegler verlassen ihr Tagesquartier recht früh am Abend. Sie sind anhand von Größe, Flugbild und Silhouette hoch am Himmel zu erkennen. Wasserfledermäuse verraten sich durch ihr Verhalten. Sie fliegen bei der Jagd über Wasser immer ganz knapp über der Oberfläche – keine andere Art macht das so. Das Große Mausohr verrät sich durch seinen „Wohnort". Diese Art ist die typische Kirchenfledermaus. Oder besser gesagt: Wenn Fledermäuse in einem Kirchturm vorkommen, sind es meist Mausohren. Die Kirchen, in denen Mausohrfledermäuse wohnen, dürften in Deutschland mittlerweile alle bekannt sein. Wende dich an einen Betreuer, um die Tiere mal aus der Nähe beobachten zu können.

HOTSPOTS FÜR FLEDERMAUS-BEOBACHTER

Naturpark Kyffhäuser: Für das Gebiet sind 20 Arten nachgewiesen.
Die Zitadelle Spandau: eine der größten Fledermaus-Winterquartiere Europas
Kalkberg in Bad Segeberg: Norddeutschlands einzige Naturhöhle; mehr als 30.000 Fledermäuse überwintern dort.
Silberberg bei Bodenmais: 18 Arten; größtes Vorkommen der Mopsfledermaus in Mitteleuropa
Bacharach-Steeg, St.-Anna-Kirche: größte Mausohr-Wochenstube Deutschlands

Sehr praktisch: Bat-Detektor als Aufsatz fürs Handy

DIESE SÄUGETIERE SIEHST DU

IN DORF UND STADT

HAUSMAUS

Mus musculus, House Mouse

LÄNGE (ohne Schwanz): 7–11 cm, **SCHWANZ:** 6–10,5 cm, **GEWICHT:** 12–30 g – 1/15 des Gewichts der Wanderratte

Ich wette, die Hausmaus ist das meistbeobachtete Wildtier Deutschlands. Jeder Großstädter kennt sie. Egal ob in München, Hamburg oder Berlin, in den U-Bahn-Stationen trifft man sie.
Aber erst mal: „HAUS-Maus". Das klingt so nach HAUS-Tier. Aber nein, die Hausmaus ist natürlich ein Wildtier, allerdings eines, das sich extrem an die Umgebungen von uns Menschen angepasst hat, sowohl IM Haus als auch UMS Haus herum.
U-Bahn-Stationen sind ein Paradies für Hausmäuse. Sie profitieren dort von Essensresten, die Fahrgäste achtlos auf die Gleise werfen. Auffällig ist, dass die Mäuse nie auf den Gleisen laufen (zumindest habe ich dort noch nie welche gesehen). Sie bewegen sich eigentlich immer über die Stege dazwischen. Oft passiert es dann, dass auch andere Fahrgäste die kleinen Flitzer zwischen den Gleisen entdecken? Dann heißt es: „Och, guck mal, 'ne Maus!" Dass sie eklig sind, habe ich noch keinen sagen hören.
Und was bieten Hausmäuse dem Beobachter so – außer dass sie flitzen und fressen? Beim Tiere-Beobachten kann immer alles Mögliche passieren. Ich fand es einmal spannend, wie eine Hausmaus-Mutter mit Kind unterwegs war. Sie war offensichtlich bemüht, Strecke zu machen und sich entlang der Gleise so schnell wie möglich von Versteck zu Versteck zu hangeln, um sich erst dann umzudrehen und zu prüfen, ob das langsamere Junge auch hinterherkommt. Die Frage, die sich mir stellte, war, ob sie die eigene Sicherheit über die des Jungtiers stellt oder ob sie durch ihr

Verhalten dem Jungen beibringt, wie man sich sicher zwischen den Gleisen bewegt. Spannende Tierwelt!
Wenn der Zug schließlich einfährt, kann man es an den Gesichtern ablesen (den Gesichtern der Fahrgäste): „Oh nein, der Zug kommt! Was macht jetzt die arme Hausmaus?" Also eine tote Maus auf einem Gleis habe ich noch nie gesehen. Ich vermute, die meisten U-Bahn-Mäuse dieser Welt verhalten sich instinktiv richtig oder kommen in ihrer gefährlichen Umgebung zumindest so gut zurecht, dass sich die Populationen halten können.

AUF HOHER SEE MIT WEISSER SPITZE

Biologen unterscheiden auf dem deutschen Festland zwei Unterarten, die teils auch als eigenständige Spezies gezählt werden: *Östliche* und *Westliche Hausmaus*. Die Grenze läuft längs durch die Republik. Außerdem wurde bereits 1949 die Unterart *Helgoländer Hausmaus* beschrieben. Angeblich vermischen sich die Inselmäuse „fast gar nicht mehr" mit neu eingeschleppten Artgenossen. Das Kennzeichen der Helgoländer: Sie sind an einer 10 Millimeter langen weißen Schwanzspitze zu unterscheiden.

HAUSMAUS ERKENNEN

Ich vermute mal, es war die Hausmaus, die uns zur Definition der Farbe „Mausgrau" inspiriert hat. Aber was soll das überhaupt sein, „mausgrau"? Der Duden schreibt: „Grau wie das Fell von Mäusen". Aha.
Das ist natürlich Mäusemist! Wie man spätestens mit diesem Buch erfährt, sind die Felle der verschiedenen Mäusearten ganz unterschiedlich gefärbt. „Mausgrau" taucht aber auch auf Farbpaletten auf. Da ist das so ein mittleres Grau, nicht zu dunkel und nicht zu hell, so ziemlich unauffällig. Und meist trifft das auch auf die Hausmaus zu. Im Fell von Wald- und Gelbhalsmaus gibt's öfter eine rötliche Nuance. Die dunklere Oberseite und die hellere Unterseite sind bei diesen beiden Arten viel deutlicher voneinander abgesetzt.

DORT GUCKST DU

Wenn wenig in einer U-Bahn-Station los ist, klettern sie manchmal vom Gleisbett auf den Bahnsteig. Zwar liegen auch hier Essensreste herum, aber die Mäuse haben es dort schwerer, wenn nötig in Sekundenbruchteilen ein Versteck zu finden. Am Merianplatz, U4, in Frankfurt ist unter einem Mülleimer ein Loch in der Wand. Hier zu wohnen ist vermutlich ein Hausmaus-Traum. Wenn da einer sein altes Brötchen nicht in den Eimer trifft, landet es direkt vor der Hausmaus-Haustür. Ansonsten findet man die Art tatsächlich immer noch in Häusern sowie in Ställen, Scheunen und Gärten. In Tiergärten profitieren sie vom Futter der Zoo-Tiere. Sie sind zu allen Zeiten anzutreffen.

WANDERRATTE

Rattus norvegicus, Common Rat / Brown Rat

LÄNGE (ohne Schwanz): 18–28 cm, Schwanz: in der Regel nicht länger als der Körper
GEWICHT: 155–400 g – die größte Art unter den „Echten Mäusen" – ja, da zählt die Wanderratte dazu.

Nein, langweilig wird's einem nicht. Wer einer Wanderratte zusieht, bekommt eine Menge geboten: Da wird gerannt, balanciert, geklettert, gesprungen, geschwommen, gefuttert, geputzt… und, und, und.

Manchmal verraten sie sich durch Gequieke. Wer nachts Uferbereiche mit einer Taschenlampe systematisch ableuchtet, entdeckt sie meist schnell. Vermutlich je nach Erfahrung reagieren Ratten unterschiedlich, wenn sie in den Strahl einer Lampe geraten. Die einen flüchten, die anderen putzen sich in Ruhe weiter. Am besten, man verhält sich still und fuchtelt mit der Lampe nicht zu viel herum. Einfach ruhig auf die Stelle halten, an der man die Tiere gerade noch gesehen hat, und warten oder kurz ausmachen. Von Vorteil ist, wenn man seine Lampe ablegen kann, um die Hände freizubekommen. Dann kann man auch noch ein Fernglas verwenden, um Details zu sehen.
Aufregend wird's, wenn die Katze eine lebende Wanderratte als Geschenk in die Badewanne legt. Mein erster Gedanke

ist: Wenigstens ist die Ratte in der Wanne gefangen. Eine Antwort auf die Frage, wie ich sie da rauskriege, gibt es nicht, weil die Ratte im selben Moment schon wieder aus der Wanne hinausgehüpft ist. Die Schreie, die eine gejagte Wanderratte von sich gibt, lassen ahnen, dass mit ihr nicht zu spaßen ist. Sie können angreifen und beißen, wenn sie in die Enge getrieben werden. Dafür klettern sie auch an einem hoch. Ich hab dann erst mal schnell den Raum verlassen und anschließend eine Lebendfalle durch den Türspalt geschoben. Hat geklappt.

KLORATTEN Sind Wanderratten eklig? Das muss jeder selbst entscheiden. Tatsächlich reagieren viele Menschen meist mit „Iiii!", wenn man ihnen erzählt, dass Wanderratten durch Abflussrohre schwimmen und in Kloschüsseln auftauchen können (kommt allerdings sehr selten vor). Gleichzeitig beflügelt die „Kloratte" auch die Fantasie der Menschen – Lacher garantiert. Mit den Suchbegriffen „Ratte" und „Klo" stößt man bei Youtube auf einen Kloratten-Klassiker, in dem ein Rentner erklärt, wie er die Schüssel benützt, nachdem er entdeckt hat, dass er von unten mit Besuch rechnen muss. Seine Frau, mit einem Pümpel bewaffnet, hilft ihm dabei… Herrlich!

WANDERRATTE ERKENNEN Am ehesten ist die Wanderratte mit der Hausratte zu verwechseln. Die gilt aber als vom Aussterben bedroht. Die beiden Rattenarten im Vergleich: Der Schwanz der Wanderratte ist zwar lang, in der Regel aber nur höchstens so lang wie ihr Körper. Der Schwanz der Hausratte ist länger als ihr Körper. Die Schnauze der Wanderratte ist stumpf, die der Hausratte spitz. Die Ohren und Augen der Wanderratte sind klein, die der Hausratte etwas größer. Die eingebürgerte nordamerikanische Bisamratte ist größer und hat ein rötliches Fell. Ihr Schwanz ist von den Seiten her abgeflacht. Der Schwanz der Wanderratte ist drehrund.

DORT GUCKST DU Selten erzählt dir jemand, dass er schon mal Wanderratten beobachtet hätte. Dabei sind sooo viele unterwegs – und das auch noch meist in der Nähe von Menschen. Die Stadt Bonn zum Beispiel gibt an, dass auf einen Einwohner zwei bis drei Ratten kommen. Dass man sie nicht so einfach sieht, liegt daran, dass Wanderratten meist nachts aktiv sind und sich im Hellen nicht gern zeigen – es sei denn, sie fühlen sich sicher. Meistens kommen sie nur bis in Höhen unter 800 m ü. N. N. vor.

Wanderratten kommen mit Wasser sehr gut klar. Sie leben entlang von Flüssen, Kanälen und auch an der Küste. In Dörfern und Städten bietet ihnen die Kanalisation einen perfekten Lebensraum. Ansonsten tauchen sie überall dort auf, wo es etwas zu fressen gibt: an Mülleimern, am Kompost, an Futterstellen, die eigentlich für andere Tiere gedacht sind, in Ställen und Futterlagern. Auch Kinderspielplätze besiedeln sie wegen Lebensmittelresten gern. Das ruft dann aber sehr bald den städtischen Kammerjäger auf den Plan.

BRAUNBRUSTIGEL

Erinaceus europaeus, European Hedgehog

LÄNGE: (ohne Schwanz): 20–30 cm, **SCHWANZ:** 2–4,5 cm (siehe Foto unten und rechts oben), **GEWICHT:** 0,6–1,3 kg – viel größer als ein Maulwurf, kleiner als ein Kaninchen

Igel triggern den Forschertrieb. Um mehr über diese interessanten Stacheltiere herauszufinden, kommen die Leute auf lustige Ideen. Im kleinen Weiler Katingsiel bei Sankt Peter-Ording traf ich des Abends wiederholt einen Igel, der immer dieselbe Route über einen Weg nahm, um sich schließlich aus dem Napf einer Katze zu bedienen. Er glich ein wenig einem Punk: Stachelfrisur ist klar, aber die Stacheln waren auch noch pink und grellgrün gefärbt!

Bei meinen Abendrunden ergab sich nie die Möglichkeit, den oder die Igel-Stylistin kennenzulernen, um nachzufragen. Ich habe mir dann ausgemalt, wie man auf die Idee kommt, einen Igel anzumalen – hoffentlich mit gesundheitlich unbedenklicher Farbe!

Das Nächstliegende ist, dass ich damit das Tier markiere, um zu sehen, ob es wiederkommt oder beim Nachbarn vielleicht auch auftaucht. Träfe ich am Katzenteller einen weiteren Igel an, der noch nicht markiert wäre, bekäme der auch seinen Klecks ab – natürlich in einer anderen Farbkombination. Das würde ich so lange machen, bis sie alle bunt wären. So wüsste ich, wie viele Igel sich in meinem Garten tummeln. In den Jahren darauf könnte man das Ganze wiederholen, um so zu sehen, wie sich der Bestand verändert.

Und dann? Dann mache ich meinen Garten noch igelfreundlicher: ich lasse z.B. Laub- und Reisighaufen im Garten liegen, pflanze heimische Gewächse und öffne Löcher im Zaun, damit die Igel durchschlüpfen können. Anschließend wiederhole ich die Farbkontrolle. Spannende Frage: Lässt sich die Zahl der Stacheltiere durch die igelfreundlichen Maßnahmen steigern?

Wem das zu viel Action ist, für den habe ich hier noch einen einfachen Beobachtungstipp: Triffst du einen und bemerkt er dich, stoppt der Igel in der Regel und vertraut auf seine Stachelhaut. Er wartet ab und geht erst dann weiter, wenn er sich unbeobachtet fühlt. Wenn du nicht gerade dein Tanzballkleidchen anhast, leg dich neben den Igel auf den Bauch und schaue ihn dir aus der Nähe an: die sympathische spitze Schnauze – (sie ist am Ende immer feucht!); die langen Krallen an den Vorderfüßen; die Stirnhaare, die zum Scheitel hin in Stacheln übergehen. Kriegst du den kurzen Schwanz zu sehen?

ACHTE AUF IGELLAUTE

Igel können laut sein! Vor allem, wenn zwei oder mehr zusammen sind. Übrigens:

Paarungszeit ist von Mai bis August. Oft hört man sie schnaufen, schmatzen oder sogar husten. Für dich als Beobachter ist das gut. So kannst du sie entdecken – oder bist gewarnt. Einmal beim Pinkeln vor dem Zelt, nachts und barfuß, wäre ich um Stachelsbreite fast auf einen getreten. Ein Igelhüsteln hat mich davor bewahrt.

IGEL ERKENNEN

Unverwechselbar, denkst du. Stimmt schon. Allerdings: In Mitteleuropa gibt es zwei Arten, den Braunbrustigel (*Erinaceus europaeus*) und den Nördlichen Weißbrustigel – auch Ostigel genannt (*Erinaceus roumanicus*). Die Namen erklären bereits die Unterschiede im Aussehen. Vom Weißbrustigel heißt es, Biologen hätten ihn nahe der polnisch-deutschen und tschechisch-deutschen Grenze nachgewiesen. In diesen Grenzregionen schaue also genau aufs Igelbrüstchen! Beim Hochheben eines Igels merke: Je schwerer der Igel, desto stärker drücken sich die Spitzen in die Haut. Handschuhe helfen. Bis man die Brust zu sehen bekommt … kann ein Geduldsspiel sein.
Unter anderem wegen der spitzen Schnauze stellt man Igel in die Verwandtschaft von Insektenfressern zusammen mit Spitzmaus und Maulwurf. Eine Verwechslungsgefahr gibt es hier aber nicht.

DORT GUCKST DU

Er lebt in Laub- und Mischwäldern – wo ich allerdings selten einen sehe. Die meisten Beobachtungen mache ich in Parks und Gärten, was sicher auch darauf zurückzuführen ist, dass ich mich in diesen Bereichen öfter aufhalte. Er meidet große Felder und Feuchtgebiete. In den Bergen geht er nicht allzu weit nach oben.
Im Winter ist nichts los. Da macht er Winterschlaf (Oktober/November bis März/April). In der aktiven Zeit startet er abends und ist dann die ganze Nacht unterwegs.

ROTFUCHS

Vulpes vulpes, Red Fox

LÄNGE (ohne Schwanz): 60–80 cm,
SCHWANZ: 30–50 cm, Gewicht: 5–10 kg – 1/6 des Gewichts eines Wolfs

Es macht einen Riesenunterschied, ob man den Fuchs in einem bejagten oder unbejagten Gebiet beobachten will. Wo der Jäger sie aufs Korn nimmt, sind sie scheu und argwöhnisch. Wo sie nichts zu fürchten haben, verhalten sich wilde Füchse fast zahm. Manchmal kommen sie Menschen so nahe, dass dem einen oder anderen ungemütlich wird. Dass er gut einschätzen kann, wann für ihn der Vorteil überwiegt und wann die Gefahr, hat dem Fuchs vermutlich das Prädikat „schlau" eingebracht.
Es gibt kaum eine Tierart, die mich schon so oft zum Staunen gebracht hat: Auf einem Campingplatz in Sardinien hat ein Fuchs unter unserem Tisch – wir saßen gerade beim Tee – nach Essbarem gesucht. In den Alpen klaute mir einer eine Tüte mit Brot aus dem Zelt, in dem ich gelegen hatte. 20 Meter weiter machte er sich über das Brot her und ließ sich auch vom Strahl meiner Taschenlampe nicht davon abhalten.
Am krassesten hat sich ein Fuchs an einem Strand in der Toskana verhalten. In der Mittagshitze patrouillierte er von Liegeplatz zu Liegeplatz, um aus den Taschen der Badegäste etwas Essbares zu stibitzen. Er ließ sich von mir begleiten, und so sah ich, wie er teilweise nur einen halben Meter von den Köpfen schlafender Badegäste entfernt war. Schließlich wurde er selbst müde und rollte sich dann einfach im Schatten der nächstbesten Strandburg ein.
Manche ängstigt es, wenn Füchse so nahekommen. Sie bringen Nahbegegnungen mit Tollwut in Verbindung. Die Sorge ist gegenwärtig unbegründet, die Tollwut ist in Mitteleuropa ausgerottet. Wer Bedenken

wegen des Fuchsbandwurms hat, sollte als Erstes aufhören, mit Hunden oder Katzen zu schmusen. Diese können die Krankheit ebenfalls übertragen, nachdem sie infizierte Nager gefressen haben.

SO FÄNGT DER FUCHS DIE MAUS

Zum unterhaltsamsten Standardprogramm, das der Fuchs zu bieten hat, gehört sicher, ihn beim „Mausen" zu beobachten: Um ihn erst mal zu entdecken, suchst du einfach früh am Morgen eine offene Fläche ab - eine Weide, eine Waldlichtung oder Hänge oberhalb der Waldgrenze. Jagdzeit ist beim Fuchs aber eigentlich immer. Sehr amüsant ist bereits, wenn der Fuchs die Maus ortet und den Kopf hin und her dreht, um übers Hören ihre exakte Position bestimmen zu können. Steht der Sprung auf die Beute an, sammelt er sich, und schließlich springt er mit allen vieren gleichzeitig ab und landet punktgenau mit Pfoten und Schnauzenspitze auf dem Nager – wenn er trifft. Den Zuckerguss dazu gibt's in kalten Wintern, wenn der Fuchs erst noch die Schneedecke durchstoßen muss, um an die Maus zu gelangen, die sich an der Grenze zwischen Boden und Schneedecke bewegt. Zieht er den Kopf zurück, sieht der Fuchs wie eingezuckert aus.

FUCHS ERKENNEN

Auch den Rotfuchs wird man aufgrund seiner Form und dem roten (? – eigentlich orangen) Fell kaum verwechseln. Der in Deutschland (noch) seltene Schakal ist größer. Sein Schwanz ist allerdings kürzer.

DORT GUCKST DU

Wir haben den Fuchs in die Kategorie „Dorf und Stadt" gesteckt. Tatsächlich kommt er überall vor, nur nicht im Meer. Allerdings werden etwa seit den 1980er-Jahren vermehrt Stadtfüchse registriert. Man sieht sie meist nachts oder in der Dämmerung in Parks, auf Friedhöfen, an Komposthaufen. Gern legen sie ihre Baue unter Schuppen und Holzstapel an oder unter Gestrüpp an Bahndämmen. Ihre kleinsten Streifgebiete liegen in Siedlungen. Das wiederum erhöht die Gelegenheit, entlang einer Route auf verschiedene Füchse zu treffen.
Eine frisch gemähte Wiese kann ein sehr guter Beobachtungsplatz sein. Der Fuchs sammelt dort Mahdopfer ein und man sieht ihn besser. Im hohen Gras macht er sich mit einer Schulterhöhe von 35 bis 50 Zentimeter sonst unsichtbar.
Nach meiner Erfahrung reagieren Füchse sehr unterschiedlich, wenn sie mit einer Lampe angestrahlt werden. Es hängt vermutlich von individuellen Erfahrungen ab, ob sie beim Klick der Lampe explosionsartig abdüsen oder einfach ihr Ding weitermachen.

STEINMARDER

Martes foina, Stone Marten/Beech Marten

LÄNGE (ohne Schwanz): 37–52 cm, **SCHÄDELLÄNGE:**: 7,4–8,4 cm,
GEWICHT: 0,7–2,0 kg, – kleiner als der Fischotter, größer als Hermelin und Iltis

Nach dem Marder kannst du den Wecker stellen – wenn du weißt, dass er unterm Dach wohnt. In der Regel wählt er eine bestimmte Route, um aus seinem Tageslager ins Jagdrevier zu gelangen. Wenn du ihn per Zufall dabei beobachtest, speichere die Zeit ab. Am nächsten Tag wird er – ein paar Minuten plus/minus – wieder auf derselben Route unterwegs sein.

Ich hatte mal einen, dessen Route entlang des Fallrohrs einer Dachrinne führte. Das wollte ich filmen. Ich wusste, dass mein Marder kein Langweiler ist. Seine Auftritte dauerten jeweils nur wenige Sekunden. Um die Szene richtig erfassen zu können, hielt ich sie in Slowmotion fest. Das Filmmaterial zeigt, dass es auf zwei Szenen ankommt.

Der erste spannende Moment ist der, wenn der Marder von der Dachrinne kopfunter das ableitende Fallrohr umfasst. Da das Rohr von außen nach innen an die Wand führt, an der es befestigt ist, macht es einen Bogen nach unten und innen. Würde der Marder diesem Bogen folgen, hinge er nach kurzer Strecke an der Unterseite des Fallrohrs und hätte dort gegen die Schwerkraft zu kämpfen.

Um dies zu vermeiden, dreht er sich in der Abwärtsbewegung um 180 Grad entlang der Rohrlängsachse und steht dann bequem auf der Oberseite des Rohrbogens. Genial! Es geht sofort weiter.

Nun kommt die lange Gerade des Fallrohrs, die bis nach unten führt. Weiter geht es kopfunter. Der Marder hält sich mit den vier

Pfoten – aber nur so fest, dass er die Position sichert. Das Rohr lässt er zwischen den Händen durchgleiten. Aber was macht er an der oberen Schelle, die das Rohr als Ring mit der Wand verbindet? Der Ring hat sicher scharfe Kanten, an denen sich ein Marder verletzen könnte, wenn er da ungebremst draufrutscht. Das weiß der Marder.
Deswegen bremst er vorher ab, lässt mit den Vorderpfoten kurz los, um das Rohr gleich unterhalb des Rings wieder zu packen und dann weiterzurutschen. Kurz vor der unteren Schelle stößt er sich ab, um auch daran nicht hängen zu bleiben. Vermutlich würde er auch ohne Schelle vom Rohr abspringen, um nicht zu senkrecht zu landen beziehungsweise um die Wucht der Landung auch mit den Hinterbeinen abfangen zu können. Faszinierend!

MARDER GUCKEN ZUM CHILLEN

Was macht man nach einem Club-Besuch, um zu entspannen? Nach dem Tanzen fahre ich gern gemütlich über Land durch die Ortschaften meiner Heimat. Früh am Morgen ist noch keiner unterwegs, höchstens vielleicht… ein Steinmarder. Wer langsam fährt, kann schnell rechts ranfahren und beobachten, wie der Marder im typischen Doppelhopp unterwegs ist: Hinterbeine stoßen ab; Vorderbeine landen parallel; Hinterpfoten werden im Bogen nachgezogen und landen nebeneinander in der Spur der Vorderpfoten usw.

Vielleicht ist ein „Automarder" unterwegs, der sich namensgerecht verhält. Du siehst, wie er unter einen Wagen schlüpft und in den Motorraum klettert, wo er sich meist nur kurz aufhält. Dann geht's hoppelnd weiter. Tiere beobachten beruhigt – und ich kann endlich nach Hause und ins Bett.

STEINMARDER ERKENNEN

Er ähnelt dem Baummarder. Die Top-5-Unterscheidungsmerkmale sind: graubraunes Fell (statt dunkelbraun); weißer Kehlfleck (statt gelb oder orange), meist gegabelt entlang der Vorderbeine; helle Nase (statt dunkel); kleinere Ohren; kürzere Beine. Iltis (Gesichtsmaske!) und Hermelin sind kleiner.

DORT GUCKST DU

Tierbuchautor Eckhard Grimmberger vermutet den Steinmarder in Deutschland „in jedem Dorf und in jeder Stadt". Er kommt außerdem wie der Baummarder im Wald vor, aber auch in offenen Landschaften. Er ist ein Meister im Klettern am Haus.
Eine rau verputzte Hausfassade bietet dem Sportkletterer genügend Vorsprünge, um bei meinem Nachbarn Stephan bis zu den Schwalbennestern zu gelangen. Der Steinmarder ist dämmerungs- und nachaktiv. Während der Paarungszeit im Juli und August verrät er sich durch allerlei Laute bis hin zu lautem Kreischen.

HAUSSPITZMAUS

Crocidura russula, Greater White-toothed Shrew

LÄNGE (ohne Schwanz): 6,5–9 cm, **SCHWANZ:** 3–4,5 cm
GEWICHT: 7–15 g – größer als die Gartenspitzmaus

Wer eine freilaufende Katze hat, hat früher oder später auch eine Spitzmaus auf der Matte liegen. Katzen fangen Spitzmäuse zwar, aber sie fressen sie meist nicht. Spitzmäuse besitzen an den Körperseiten Drüsen, die ein Sekret absondern. Vermutlich empfinden Katzen den moschusartigen Geruch und wahrscheinlich strengen Geschmack dieses Sekrets als unangenehm. Hausspitzmäuse – ebenso Garten- und Feldspitzmäuse – die alle eher in Siedlungsnähe vorkommen, werden von Hauskatzen meist häufiger gefangen. Kommt man rechtzeitig hinzu, sind sie oft noch zu retten.
Ich habe aber auch schon erlebt, dass ich die Katze vor der Spitzmaus retten musste. Die Hausspitzmaus wehrt sich nämlich sehr tapfer, indem sie sich in ihren übergroßen Feind verbeißt. Das kann in die Pfote sein oder auch in die Lippe. Die Katze versucht dann durch Schütteln, die Spitzmaus wieder loszuwerden. Früher oder später gelingt ihr das auch. Wer helfen will, muss aufpassen, nicht selbst Opfer zu werden. (Montagehandschuhe bieten in der Regel genügend Schutz vor Spitzmausbissen.)
Biologen haben ähnliche Beobachtungen gemacht und sich gefragt, ob die Beißkraft einen Wettbewerbsvorteil unter Spitzmäusen darstellen kann. Sie beobachteten auf verschiedenen Atlantikinseln, dass die Hausspitzmaus gegenüber der kleineren Gartenspitzmaus auf dem Vormarsch ist. Und die Überlegenheit brachten sie tatsächlich mit dem „höheren mechanischen Potenzial" des Hausspitzmausgebisses in Verbindung.

DIE SPITZMAUS-KARAWANE Von allen drei Wimpernspitzmausarten ist bekannt, dass sie so genannte „Spitzmaus-Karawanen" bilden. Dafür reihen sich die Jungen eines Wurfs hinter ihrer Mutter auf und verbeißen

sich jeweils in der Schwanzwurzel der Vordermaus. Das Muttertier organisiert solch eine Karawane, wenn sie etwa das Nest wechseln möchte. Es erscheint plausibel, dass es ihr so besser gelingt, ihre Schar zusammenzuhalten. Ob die „Schwanzwimpern" helfen, wenn sich die Karawane zu formieren versucht, ist denkbar, aber noch nicht untersucht. Anscheinend verbeißen sich die Tiere so vehement, dass man die gesamte Karawane am Schwanz der letzten Spitzmaus hochheben kann, ohne dass diese auseinanderfällt. Biologen, die mit Spitzmäusen arbeiten, halten diese ebenfalls am Schwanz. Die so fixierten Tiere zeigen keine Reaktion, die als Schmerz zu interpretieren wäre. Fünf, sechs, oder sieben aneinanderhängende Spitzmäuse am Schwanz des letzten Tieres zur Belustigung von umherstehenden Beobachtern hochzuhalten, erscheint mir allerdings respektlos.

HAUSSPITZMAUS ERKENNEN
Die Hausspitzmaus ist eine von drei Vertreterinnen der Wimpernspitzmäuse in Mitteleuropa (Haus-, Garten-, und Feldspitzmaus). Für alle drei Arten gilt: Am Schwanz befinden sich feine Wimpern, die auf dunklem Untergrund deutlich zu erkennen sind. Die Ohrmuscheln der Wimpernspitzmäuse sind im Verhältnis zu anderen Arten größer und ragen weiter aus dem Fell hervor. Die Augen sind hingegen sehr klein. Der Rücken der Hausspitzmaus ist graubraun, bei alten Tieren rötlich braun. Die Unterseite setzt sich nur etwas heller grau gegenüber der Oberseite ab. Die Grenze zwischen Ober- und Unterseite ist fließend. Von der Gartenspitzmaus ist die Hausspitzmaus anhand der Färbung nicht zu unterscheiden.
Wer es genau wissen möchte, macht die Gewichtsprobe. Hausspitzmaus: meist > 7 g; Gartenspitzmaus: meist < 7 g. Die seltenere Feldspitzmaus ist deutlich anders gefärbt. Sie wirkt schwarz-weiß: oben dunkel, unten hell – mit deutlicher Grenze.

DORT GUCKST DU Die Hausspitzmaus lebt wie Garten- und Feldspitzmaus häufig in der Nähe von Siedlungen, meist in eher warmen, trockenen Habitaten – Kulturland mit Hecken, Kompost, Trockenmauern. In der Regel findet man sie nicht im Wald. Im Winter taucht die Hausspitzmaus auch in Gebäuden auf.
In Deutschland hat sie ihren Verbreitungsschwerpunkt im Westen (westlich der Linie Bremen–Dresden–Ulm). Sie fehlt im Hohen Norden, im Nordosten und Südosten. Das Verbreitungsgebiet überschneidet sich fast nicht mit dem der sehr ähnlichen Gartenspitzmaus. Allerdings gibt es Hinweise darauf, dass sich die Hausspitzmaus nach Osten ausbreitet. Sie ist der Feldspitzmaus körperlich überlegen.

ZWERGFLEDERMAUS

Pipistrellus pipistrellus, Common Pipistrelle

GRÖSSE: 3,6–5,1 cm, **SPANNWEITE:** 20–23 cm, **GEWICHT:** 3–7 g – passt in eine Streichholzschachtel

Meine Familie und ich wohnen in einer WG mit Zwergfledermäusen. Meine Frau und meine Tochter legen allerdings Wert darauf, dass die Fledermäuse eher außen am Haus unterkommen und wir Menschen uns die Innenräume reservieren. In der warmen Jahreszeit, wenn's morgens gerade dämmert, treffen wir uns. Ich gehe dann gern mit dem ersten Kaffee in der Hand ums Haus und schaue, ob ich einen der flatternden Heimkehrer abpassen kann.
Den ungewöhnlichsten Ort, den sich eine Zwergfledermaus bei uns je ausgesucht hat, war im Ring unseres Türklopfers. Eine Klingel gibt's bei uns nicht. Beim Anheben des Klopfers ist der Zwerg einfach unten rausgefallen. Bei dieser Gelegenheit war ich aber zu verdutzt, um mir den Besucher für Bestimmungszwecke gleich zu schnappen. Im Nu hatte sich die Fledermaus aufgerappelt und ist mitten am Tag davongeflogen.

ZWERGFLEDERMAUS-ABC

Das Lustigste an ihr ist ihr Name: „Pipistrellus". Der Name bezeichnet sowohl die Gattung als auch die Art. In Italien ist der „Pipistrello" generell der Name für die Fledermaus. Das ist wohl auch ein Hinweis auf die Häufigkeit: Laut „Handbuch der Fledermäuse" gehört sie „zu den häufigsten Fledermausarten in Mitteleuropa". Eine verlässliche Aussage bezüglich der Häufigkeit ist deshalb schwierig, weil Forscher die Mückenfledermaus erst vor wenigen Jahren von der Zwergfledermaus als eigene Art abtrennten. Bei Forschungen, die vor der Trennung gemacht wurden, weiß man nun oft nicht, mit welcher Art man tatsächlich gearbeitet hat.

ZWERGFLEDERMAUS ERKENNEN

Sie passt nicht nur in eine Streichholzschachtel. Auch ihre Ohren sind für eine Fledermaus klein (dreieckig mit abgerundeten Ecken). Sie ist fast einheitlich braun und die Unterseite ist nur wenig heller. Nackte Hautpartien wie Gesicht, Ohren, Arme und Füße sind schwarzbraun. Die Gattung „Zwergfledermäuse" umfasst deutschlandweit drei weitere, sehr ähnliche Arten: Rauhaut-, Weißrand- und Mückenfledermaus.

DORT GUCKST DU

Die Zwergfledermaus ist ein ausgeprägter Kulturfolger. Was ihren Lebensraum angeht, ist sie sehr flexibel. Kurz: Sie kommt in nahezu allen Lebensräumen vor, auch in Dörfern und selbst in der Stadt. Sommerquartiere finden sich in allerlei Spalten von Gebäuden – hinter Verschalungen, Ziegeln, Fensterläden, in Holzstapeln etc. Entsprechend bezieht sie auch flache Fledermauskästen. Und selbst fürs Winterquartier kann sie sich in Gebäude zurückziehen. Die Zwergfledermaus gehört mit zu den Arten, die auch um Straßenlaternen herum jagen.

Die eindrucksvollsten Beobachtungen macht man in der Regel beim Schwärmen, wenn also die Weibchen am frühen Morgen zu ihrer Wochenstube mit den Jungen zurückkehren. Am Abend schießen die Zwerge wie Pfeile aus ihrem Versteck. Wenn sie jedoch morgens zurückkehren, drehen sie erst ein paar enge Runden, bevor sie etwa an einer Wand andocken und dann schnell in einem Spalt verschwinden. Sie schwärmen gern in der Gruppe. Das Gewusel ist spektakulär, aber vollkommen lautlos.

Wenn dir an einem Gebäude kleine Fledermäuse im Flug auffallen, kann ihr Kot verraten, wo genau die Tiere den Tag verbringen. Zwergfledermäuse markieren ihr Quartier nämlich oft mit ihren Ausscheidungen. Der Kot wird im Flug an Wänden und Fensterscheiben abgesetzt. Oft fällt der Kot aber auch nur hinunter, während die Tiere in ihrem Versteck hängen.

Forscher teilen Fledermauskot anhand des Durchmessers in drei Größenklassen. Da ist es naheliegend, dass die kleinste Art Deutschlands (den Titel teilt sie sich mit der Mückenfledermaus) die kleinsten Köttel macht (weniger als 2,5 mm). Ist das Lager gefunden, kannst du sie dort beim Ein- und Ausfliegen beobachten.

Ab April werden die Wochenstuben bezogen. Die Jungen kommen Mitte Juni auf die Welt. Nach vier Wochen sind sie bereits selbstständig. Dann, also Mitte Juli, lösen sich die Wochenstuben wieder auf. Nicht verpassen und im Kalender notieren: Die Schwärmsaison ist kurz.

GROSSES MAUSOHR

Myotis myotis, Greater Mouse-eared Bat

GRÖSSE: 6–8 cm, **SPANNWEITE:** 35–43 cm,
GEWICHT: 20–40 g – größte heimische Fledermaus

Sie ist die typische Kirchenfledermaus. Wer in einem Kirchturm nach oben steigt, in dem Mausohren wohnen, wird überrascht sein, wie man auf die Tiere aufmerksam wird. Als Schüler lernt man, wie sich Fledermäuse mit Ultraschall-Rufen orientieren, die wir nicht hören können. Wenn du nun aber oben im Turm stehst, hörst du deutlich, wie da was zwitschert. Das sind tatsächlich die Fledermäuse, die in einer Frequenz kommunizieren, die auch wir wahrnehmen können.

Wenn man die Mausohren schließlich dicht gedrängt hängen sieht, ist man zu Beginn vielleicht von der schieren Zahl an Tieren überwältigt (Foto rechts oben). Du solltest dennoch nicht vergessen, dich auf einzelne Tiere zu konzentrieren, und einfach beobachten. In einer Wochenstube kann man vor allem erwarten, Mütter zu sehen, die sich um ihre Jungen kümmern. Sie werden regelmäßig geputzt und gesäugt.

Wer geduldig beobachtet, bekommt auch eine Antwort auf die Frage, wie Fledermäuse pinkeln. Mausohren hängen schließlich grundsätzlich mit den Hinterfüßen an der Unterseite der Dächer – Kopf nach unten. In dieser Position würden sie beim Wasserlassen ihr Fell mit Urin bekleckern. Das wollen die Mausohren vermeiden und wechseln deshalb zum Pinkeln die Position. Sie drehen sich, hängen so mit den Hinterbeinen nach unten und können es dann hygienisch korrekt laufen lassen.

WIE DAS MAUSOHR BEUTE MACHT

Das Große Mausohr fliegt beim Jagen rasch über den Boden, meist in einer Höhe zwischen ein und zwei Metern. Kopf und Ohren sind nach unten gerichtet. Erkennt es eine Beute, rüttelt das Mausohr kurz über der Stelle und stürzt sich dann auf die Beute. Doch wie kann es seine Beute orten?
Das Problem ist, dass sich viele seiner Beutetiere wie Lauf- oder Mistkäfer am Boden befinden und sie dort nicht ohne Weiteres mit dem Echoortungssystem wahrgenommen werden können. Die Fledermaus hat erst dann eine Chance, wenn die Käfer sich bewegen und dadurch ein Rascheln verursachen. Das hört das Mausohr. Es stürzt sich auf die Beute und bedeckt sie zuerst teilweise mit den Flügeln, bevor das Maul zupackt.

MAUSOHR ERKENNEN

Beim ersten Blick auf die Tiere wunderst du dich vielleicht, wie dicht sie da hängen, und es fallen die großen Ohren auf. Ausgehend vom Namen erwartet man, dass die Ohren irgendwie mäuseartig sein müssen. Aber man fragt sich: Wie sehen eigentlich typische Mäuseohren aus? Die gibt es nicht.
Die Ohren des Mausohrs sind etwa so groß, wie der Kopf lang ist. Seine Schnauze ist ebenfalls recht lang und breit. Das Fell am Rücken ist braun bis rötlich braun, die Unterseite weißlich. Kehle und Halsseiten zeigen einen gelblichen Ton. Im Unterschied zum Kleinen Mausohr sind die Ohren länger und breiter. Der Tragus – ein häutiger, stilartiger Fortsatz, der am Grund der Ohrmuschel steht – ist bei den meisten Tieren an der Spitze dunkel (siehe Foto links unten).

DORT GUCKST DU

Das Mausohr ist eigentlich eine südliche Art, aber auch in Mitteleuropa weitverbreitet. Als Kulturfolger hat es bei uns Gebäude als warme Ersatzunterkünfte entdeckt. Unter anderem in den Dachstühlen von alten Kirchen finden die Weibchen die geeigneten Bedingungen, um ihre Jungen aufzuziehen. Zu viel Besuch gefällt ihnen allerdings nicht. Große Mausohren jagen in Wäldern, dort wo am Boden nicht zu viel wächst. Hier haben sie freie Bahn, um sich auf große Insekten zu stürzen.

Hier sind einige Mausohr-Häuser, die du eventuell mit einem Fledermausschützer vor Ort besuchen kannst. Hessen: Ersheimer Kapelle in Hirschhorn (größte Fledermauskolonie Hessens: Fast 1000 Große Mausohren bringen dort im Sommer im Dachstuhl ihre Jungen zur Welt); Niedersachsen: St. Johannis in Salzhausen; NRW: Haus Düsse in Bad Sassendorf-Ostinghausen, St. Johannis in Rahden, Wasserschloss Ulenburg, Evang. Kirche Ledde, Historisches Rathaus Höxter; Rheinland-Pfalz: St. Anna, Bacharach-Steeg; Thüringen: Evang. Kirche Neidhartshausen, Kirche in Dosdorf; Vorarlberg: Kirche Ludesch. – Achtung: Mausohren verlassen ihr Tagesversteck erst bei völliger Dunkelheit.

IN WIESE UND FELD

FELDHASE

Lepus europaeus, European Hare

LÄNGE: 50–70 cm, **OHRLÄNGE:** 9–15 cm,
GEWICHT: 2,5–6,5 kg – größter Hase Europas

Diese verräterischen Löffel aber auch! Wenige Tierarten haben derart lange Ohren – verglichen mit der Schädelhöhe. Dem Feldhasen scheint klar zu sein, dass sie sehr auffällig auf seinem Kopf stehen und ihn verraten können. Fühlt sich der Hase unbeobachtet, bleibt er sehr lange unbeweglich hocken. Nähert man sich ihm, springt er erst im allerletzten Moment auf – knapp, bevor man auf ihn tritt – und rast davon. Und wenn er da so in der nackten Ackerrinne oder kurz gewachsenen Wiese kauert, ohne viel Sichtschutz, versucht er sich ganz klein zu machen. Und die Ohren? Die legt er dicht überm Rücken ab oder – und das sieht besonders witzig aus – er biegt sie nach unten (siehe Foto).

FELDHASEN ERKENNEN

Innerhalb Deutschlands bleibt es beim Europäischen Feldhasen. Er kann hierzulande nur mit Kaninchen und Schneehase verwechselt werden. Im Vergleich ist der Feldhase größer, hat längere Ohren und wirkt häufig dreifarbig (dunklerer Rücken, rotbraune Flanken, hellere Unterseite).

DORT GUCKST DU

Auf Feldern entdeckst du ihn eher. Du begegnest ihm aber auch im Wald. *Lepus europaeus:* Der Name ist eigentlich gar nicht mehr angemessen. Forscher haben seit der Entdeckung des Europäischen Feldhasen 1778 vier weitere Hasenarten auf dem Kontinent nachgewiesen: den Kaphasen auf Sardinien, den Korsikahasen auf Korsika und in Teilen Italiens, den Iberischen Hasen in Spanien und Portugal und den Ginsterhasen in Nordspanien. Wer also im Urlaub in den genannten Regionen Urlaub macht, der sollte bei den Hasen unbedingt genau hinschauen. Farbnuancen in der Fellfarbe machen den Unterschied.

KANINCHEN

Oryctolagus cuniculus, European Rabbit

LÄNGE: 34–50 cm, **OHRLÄNGE:** 6–8 cm,
GEWICHT: 1–2,2 kg – kleiner als Feld- und Schneehase

Ein Kaninchen kommt selten allein. Einmal habe ich sie nachts in Mönchengladbach beobachtet. Ein Tier hoppelte auf einer Brachfläche, und es war gar nicht so leicht, es zwischen abgestorbenen Stauden mit der Taschenlampe so anzustrahlen, dass es deutlich zu sehen gewesen wäre. Und wie ich so mit dem Lichtstrahl spiele, fällt der Lichtkegel schließlich auch auf einen Fußballplatz nebenan. Das ist der eigentliche Tummelplatz der Bunnies. Das vorderste Kaninchen erschrickt, rennt los – und plötzlich rennt es überall. Eines reißt das andere mit, dann hoppelt das ganze Feld – vom Torraum über den Sechzehner bis über den Mittelkreis hinaus. Toll wie 30, 40 Tiere in eine Richtung ausschwärmen und die weißen Schwanzunterseiten bei jedem Hopps aufblitzen.

KANINCHEN ERKENNEN

Das Kaninchen ist der kleinste unserer Hasenverwandten. Es ist graubraun und wirkt im Vergleich zum Feldhasen eher einfarbig. Der Nacken hebt sich allerdings meist rötlich-gelb ab. Die kleineren Ohren haben zwar einen schwarzen Rand (siehe Bild oben), weisen aber nie die deutlich schwarze Spitze der Ohren von Feld- und Schneehase auf.

DORT GUCKST DU

Anders als der Feldhase lebt das Kaninchen in Kolonien und zieht sich in unterirdische Baue zurück. Die kann es nur dort anlegen, wo der Untergrund dafür geeignet ist, zum Beispiel auf sandigen Böden, wie es sie in Dünen- oder Heidegebieten gibt. Zwischen Sylt und München kommt das Kaninchen auch in vielen Großstädten in Parks, Grünanlagen und Friedhöfen vor. In Wäldern, in den Mittelgebirgen und den Alpen wirst du es nicht antreffen.

REH

Capreolus capreolus, Roe Deer

LÄNGE: 1–1,35 m **SCHULTERHÖHE:** 60–75 cm
GEWICHT: 15–30 kg – ein Neuntel des Gewichts des Rothirschs

Rehe gibt's fast überall – sogar in den Parks der Großstädte, etwa im Schönbusch in Aschaffenburg oder im Nymphenburger Schlosspark in München. Generell gilt: Je mehr Menschen unterwegs sind, mit denen die Rehe keine schlechten Erfahrungen machen, desto entspannter verhalten sie sich und desto kürzer sind die Fluchtdistanzen.
Tipps für „Hocker": Wer das Sitzfleisch hat, für zwei, drei Stunden an ein und derselben Stelle in einem Versteck zu warten, hat bessere Chancen, seltene Verhaltensweisen zu entdecken, etwa Mutter-Kind-Begegnungen oder Kämpfe zwischen Rehmännern. Im Idealfall sollte man eine Stunde vor Sonnenaufgang in seinem Beobachtungsversteck sitzen. Das kann auch ein Auto sein. Entsprechend sollte man am Abend spätestens eine Stunde vor Dämmerungsbeginn hocken.
Tipps für „Pirscher": Wer kein Sitzfleisch hat und sich lieber bewegen möchte, kann beim Gehen, Joggen oder Radeln ebenfalls auf Rehe treffen. Der Pirscher nimmt allerdings in Kauf, häufig vom Reh zuerst entdeckt zu werden, worauf das Tier flüchtet. Der Begegnungszeitraum kann auch länger sein – bis zu etlichen Minuten –, wenn der Pirscher augenblicklich stillsteht, wenn er ein Reh entdeckt hat, und sich höchstens bewegt, wenn das Tier seinen Kopf zum Fressen zu Boden richtet. Daumenregel: Wer ein Reh zwei Mal an ein und derselben Stelle aufstöbert, wird es dort beim dritten Mal nicht mehr antreffen. Das Reh sucht dann vorübergehend

andere Teile seines Territoriums auf. Es wird deshalb aber nicht abwandern. Ruhezonen und bewusste Beunruhigungen sind natürlich zu meiden.
Rehe anlocken: Kann man während der Fortpflanzungszeit mit einer speziellen Pfeife (Jägersprache: Blatter). Die gibt's im Jägerfachhandel zu kaufen. Auf Youtube wird gezeigt, wie's geht. Wichtig: sparsam einsetzen!

STREIT VERMEIDEN

Rehe sind des Jägers liebste Beute. Jedes Jahr werden allein in Deutschland rund eine Million Rehe erlegt. Das heißt: Wo ein Reh ist, ist auch ein Jäger. Um Missverständnisse zu vermeiden, sind Rehbeobachter eventuell gut beraten, auf den zuständigen Jäger zuzugehen. Viele zeigen sich offen, wenn man Interesse für Wild und Jagd zeigt.

REH ERKENNEN

Man muss es immer wieder sagen: Nein, das Reh ist nicht die Frau vom Hirsch. Das sind zwei verschiedene Arten. Beide zählen allerdings zur Familie der Hirsche. Das verwirrt womöglich. Im Vergleich zum Rothirsch ist das Reh die viel kleinere Art und es hat einen kürzeren Kopf. Das Fell ist im Sommer braunorange, im Winter braun. Am ehesten zu verwechseln sind weibliche Rehe mit den Weibchen exotischer Arten wie Damhirsch oder Sika, die kleiner sind als Rothirsche. Beide Arten zeigen jedoch mehr oder weniger deutlich helle Punkte auf dem Fell. Außerdem leben sie stärker sozial, sind also häufiger als Rehe in der Gruppe unterwegs.

DORT GUCKST DU

Rehe sind in Deutschland nicht punktuell auf wenige Gebiete beschränkt wie etwa Rothirsche, sondern kommen flächendeckend von Rügen bis zur Zugspitze vor.
Du siehst sie, wo Wiesen, Weiden und Äcker an Wald und Hecken grenzen, wohin sie sich bei Gefahr zurückziehen können. Ein Streifen Schilf tut es auch. Du triffst Rehe ebenso mitten im Wald und im Winter in intensiv genutzten, baumfreien Agrarlandschaften. Statt sich zu verstecken, nutzen sie dann die Tiefe des Raums. Das heißt, sie stehen völlig frei auf Feldern, aber möglichst weit entfernt von Wegen und Straßen (Foto unten).
Wie so oft bei Wildtieren sind auch Rehe vor allem zur Dämmerung morgens und abends aktiv. Wo intensiv gejagt wird, verlegen sie ihr Business auf die Nacht. Übers ganze Jahr gesehen, ist vor allem die Brunftzeit hervorzuheben, wenn die Rehmänner auf der Suche nach Weibchen sind. Die Brunft liegt zwischen der zweiten Juliwoche und Mitte August.
Die Wahrscheinlichkeit, Rehe zu sehen, ist dann größer, weil die Tiere mehr unterwegs sind. Zusätzlich sind verliebte Rehmänner unvorsichtiger oder draufgängerischer und auch deshalb häufiger zu beobachten.

MAULWURF

Talpa europaea, European Mole

LÄNGE: (ohne Schwanz): 12–15 cm, **SCHWANZ:** 2–4 cm,
GEWICHT: 60–110 g – größer und plumper als Spitzmäuse, mit Stummelschwanz

Wer einen Maulwurf erleben will, hat mindestens zwei Möglichkeiten: Hügel-Watching und Lebendfang. Du glaubst, dass dir Maulwurfshügel-Watching zu abgefahren ist? Dann lies weiter!
Fürs Hügel-Watching hockt man sich möglichst an den Rand einer Wiese. Da ist generell gut sitzen, um auf Tiere zu warten. Man kann ja kombinieren: Während ich auf den Fuchs warte, habe ich auch ein Auge auf die Maulwurfshügel. Am besten sitzt du, ein Fernglas um den Hals, wo die Wiese mit Hügeln übersät ist. Lass den Blick von Hügel zu Hügel schweifen. Mit etwas Geduld – braucht man als Tierbeobachter immer – wirst du entdecken, wie irgendwo die Erde wackelt, weil nämlich der Bewohner darunter Erdmaterial nachschiebt. Selten kommt der Maulwurf tatsächlich an die frische Luft. Es kann aber sein, dass Mitbewohner der Wiese mitbekommen, dass da gebuddelt wird. Eine Amsel zum Beispiel weiß, dass da auch mal ein Wurm an die Oberfläche gedrückt wird. Und den schnappt sie dann dem Maulwurf einfach weg.
Es gibt weitere Mitbeobachter. Und zwar die, die den Maulwurf zum Fressen gern haben: Mäusebussarde, Rabenvögel, Weißstörche und Füchse achten ebenfalls auf die Erdbewegungen der Hügelgräber. Im Umkehrschluss heißt das: Wo sich diese Beutegreifer zwischen Maulwurfhügeln aufhalten, könnte der Grund ein *Talpa europaea* sei, der aus dem Untergrund auftaucht.

MIT DER STOPPUHR CHECKEN

Sehr unterhaltsam ist es, wenn der Maulwurf Strecke macht und alle paar Dezimeter einen neuen Haufen aufwirft. Dann merke dir unbedingt den ersten Haufen und lass die Stoppuhr am Handy laufen bis zum letzten Haufen. Eine offizielle Geschwindigkeitsangabe liegt bei 67 Metern pro Minute. Das sind 4 km/h! – und das unter Tage! Wer misst mehr?
Und so fängst du einen Maulwurf lebend: Zusätzlich zum Fernglas brauchst du eine Schaufel sowie einen möglichst großen Eimer oder eine Wanne. Wackelt die Erde, setzt du die Schaufel vorsichtig an, hebst den Maulwurf aus und beförderst ihn samt Erde in die Wanne. Kurz den Kindern zeigen, dann wieder aussetzen und weiterbuddeln lassen. Der Maulwurf ist ein Insektenfresser und steht unter Artenschutz.

MAULWURF ERKENNEN

Diese fünf Details begeistern: 1. das glatte silbrig schwarze Fell; 2. die vorderen, viereckigen Grabhände mit den langen Nägeln; 3. die dicke, spitze – immer schmutzige – Schnauze; 4. der kurze Stummelschwanz; 5. die nicht sichtbaren, im Fell verborgenen Augen und Ohren. In Deutschland gibt es nur die eine Art: *Talpa europaea*, den Europäischen Maulwurf. Eigentlich ist er unverwechselbar. Wegen der spitzen Schnauze mögen ihn manche für eine Spitzmaus halten. Die Hügel von Schermäusen sind meist kleiner und unregelmäßiger geformt. Das Loch liegt seitlich, nicht in der Mitte.

DORT GUCKST DU

Er buddelt überall, wo's Würmer gibt: Auf Sylt gleich hinterm Deich; in den Alpen bis 2400 Meter und beim VfL Bad Schwartau auf dem Fußballplatz. Er gehört in jeden Naturgarten. (Naturgartenbesitzer wissen um den Lebensfreudegewinn durch Maulwurfbeobachtung!) Am besten, man beobachtet dort, wo es viele frisch geworfene Maulwurfshaufen gibt. Die Logik: viele Haufen = viel Maulwurfaktivität. Wie andere unterirdisch lebende Säugetiere haben Maulwürfe keinen ausgeprägten Tag-Nacht-Rhythmus. Ihre aktive Zeit ist in der Regel in drei Wach- und Schlafphasen aufgeteilt. Die wachen Phasen liegen meist vormittags, nachmittags und gegen Mitternacht. Sie dauern jeweils etwa 4 bis 5 Stunden. Während dieser Phasen durchstreifen Maulwürfe ihre Gänge auf der Suche nach Beute. Im Frühjahr und im Herbst sind sie eher nahe der Oberfläche zu finden. Bei Frost und Trockenheit verziehen sie sich in größere Tiefen, und du kannst sie nicht mehr so einfach beim Buddeln beobachten. Im Frühling ist Paarungszeit. Die Männchen erweitern dann ihre Reviere, und das wiederum heißt: mehr Aktivität = größere Chance, sie zu sehen. Außerdem steht im Frühjahr das Grün noch nicht so hoch. Hohe Vegetation verhindert die Sicht auf die Hügel.

BRANDMAUS

Apodemus agrarius, Striped Field Mouse

LÄNGE (ohne Schwanz): 8–12,5 cm, **SCHWANZ:** 6–9 cm,
GEWICHT: 15–30 g – etwa so groß wie eine Waldmaus

Ich bin im Raum Stuttgart aufgewachsen. Ich habe in München, Saarbrücken und Hamburg gelebt. Ich war als Kind im Schwarzwald, im Rheingau und auf Sylt in den Ferien. Tiere haben mich immer interessiert – aber nie in all den Jahren habe ich eine Brandmaus gesehen. Der Grund: Die Brandmaus hat ihren Verbreitungsschwerpunkt hierzulande im Nordosten Deutschlands. Tatsächlich ist sie eine östliche Art, die bis nach China vorkommt. Im Nordosten Deutschlands erreicht sie ihre westliche Verbreitungsgrenze.
Da ich im normalen Leben kein Mäusespezialist bin, hat mich erst die Recherche zu diesem Buch dazu gebracht, mal eine Brandmaus aufzustöbern. In Sachsen unterwegs, war's dann ganz einfach. Gleich in der ersten Nacht ging eine in die Lebendfalle. Und ich muss sagen: Der Aufwand hat sich gelohnt. Die Brandmaus ist wirklich hübsch! Das schickste Merkmal ist die schwarze Linie auf dem Rücken, Aalstrich genannt (siehe Fotos).

ZUM FUTTERN AUCH FROSCH

Sind sie gerade am Fressen, lassen sich Brandmäuse besonders gut beobachten. Aber Achtung: Das Klicken einer Kamera kann sie verscheuchen. Einerseits stehen sie auf vegetarische Kost. Mit Samen, Nüssen, Beeren und Eicheln lassen sie sich leicht anlocken. Im Fall der Eichel kann ein kurioses Bild entstehen: So eine Eichel ist ja länger als ein Mäusekopf. Trotzdem schafft es die Maus, die Eichel am Ende mit den Schneidezähnen zu packen und fortzutragen. Sieht lustig aus!
Häufiger als bei Wald- oder Gelbhalsmaus findet sich auf der Speisekarte der Brandmäuse auch Tierisches. Biologen haben Insekten, Spinnen, Regenwürmer und selbst kleine Frösche und Kleinsäuger im Beutespektrum nachgewiesen. Aufgrund des Anteils an Insekten in ihrer Nahrung ist die Brandmaus stärker betroffen, wenn Landwirte oder Gärtner Insektizide spritzen.

BRANDMAUS ERKENNEN

Die Farbe des Rückenfells variiert. Das Fell ist wohl meist rotbraun, es gibt aber auch hellbraune oder dunkelgraubraune Brandmäuse (eher im Winter). Der Bauch ist weißlich abgesetzt. Der nackte Schwanz ist in etwa so lang wie der Körper. Die rundlichen Ohrmuscheln sind etwas kleiner als bei der Waldmaus, aber immer noch auffällig – ebenso die schwarzen Augen, die wie Stecknadelköpfe hervorstehen.
In ihrer Gesamterscheinung ist sie ihrer nächsten Verwandtschaft – Wald- und Gelbhalsmaus – am ähnlichsten. Ihr schwarzer Aalstrich macht sie allerdings unverwechsel-

bar. Er kann hinterm Hals sehr breit angelegt sein (Foto links) und zieht sich über den Kopf bis auf die Stirn, wo er teils dünn oder blass ausläuft. Hinten zieht sich der Strich bis kurz vor die Schwanzwurzel (Foto oben).

Nur noch die Waldbirkenmaus zeigt so einen Strich. Da diese jedoch innerhalb Deutschlands extrem selten und lokal begrenzt ist, liegst du bei einer Maus mit Aalstrich zu 99 Prozent richtig, wenn du auf Brandmaus tippst. Bei einer Brandmaus, die ich gefangen hatte, fiel mir auf, dass sie nicht so stark wie andere *Apodemus*-Mäuse dazu neigte, durch Sprünge zu entkommen.

DORT GUCKST DU

Die Brandmaus ist gern an den Rändern von Feuchtgebieten oder an den Uferbereichen von Bächen zu Hause, dort wo Schilf und Binsen wachsen. Der Rand von Getreidefeldern, Feldhecken, Brachland, naturnahe Gärten und Parks sagen ihr auch zu. Nadelwälder meidet sie. Sie soll weniger gut klettern als die anderen *Apodemus*-Arten, was man sich mit ihren Lebensräumen außerhalb von Wäldern erklären könnte. Sie tut es trotzdem.

Die Brandmaus ist tag- und nachtaktiv, wohl aber stärker als Waldmäuse bei Tageslicht unterwegs. Bei Analysen von Eulengewöllen fiel auf, dass die Art unterrepräsentiert ist. Dies könnte mit ihrer verstärkten Tagaktivität zusammenhängen. Im Spätherbst wandert die Brandmaus in Gebäude wie Bauernhäuser, Ställe oder Scheunen ein und gelangt in Wohngebäuden bis in den Dachstuhl. Im Winter trifft man sie an Futterhäuschen an, die sie ebenfalls erklettert.

FELDMAUS

Microtus arvalis, Common Vole

LÄNGE (ohne Schwanz): 8–12 cm, **SCHWANZ:** 3–4 cm,
GEWICHT: 20–40 g – Körper etwas größer als der der Hausmaus, aber Schwanz nur etwa halb so lang

„Eine wenig spektakuläre Art", hieß es schon. Kann man so oder ganz anders sehen. Was die Feldmaus besonders macht, ist ihre Fähigkeit, sich alle drei bis fünf Jahre massenhaft zu vermehren. Ihre Baue sind oberflächlich durch „Schnellstraßen" miteinander verbunden. Geht man im Frühjahr während eines „Mäusejahrs" über eine Wiese, sieht man sie entlang dieser Straßen flitzen. Und die Mäusejahre sind spektakulär, weil die Feldmaus jede Menge Feinde hat, die sich dann alle gern dort versammeln, wo die Feldmäuse rennen. So kriegt man den Fuchs zu sehen, wie er kauert, sich schließlich mit allen vieren in die Luft katapultiert und einen Meter weiter eine Punktlandung macht – eben dort, wo die Maus sitzt.
Oder Graureiher und Storch: Sie durchschreiten die Feldmauswiese, stehen dann mehr oder weniger lange still, schleudern schließlich den Kopf nach vorn. Der Schnabel packt zu wie eine riesige Pinzette. Da hängt die Maus. Ein paarmal geschüttelt, zwischen den Schnabelhälften gedrückt und in einem Stück geht's runter. Aus die Maus.
AUF beziehungsweise ÜBER der Feldmauswiese jagt auch der Turmfalke. Es ist immer wieder faszinierend, wie er in der Luft steht und rüttelt, um eine Position zu halten. Eventuell steigt er in Stufen nach unten ab, um sich schließlich die letzten Meter auf seine Mäusebeute zu stürzen. Hat er eine erwischt, trägt er sie meist auf einen erhöhten Punkt wie zum Beispiel einen Weidezaunpfosten.

Mit guter Optik bietet sich dann eine gute Gelegenheit, auf Bestimmungsdetails der Maus zu achten.
Das ist die Art Action, die auf einer Feldmauswiese geboten wird, um nur ein paar Beispiele zu nennen. Mäusebussard, Hermelin, Wildkatze und weitere Arten tragen ebenfalls dazu bei.

BEOBACHTEN UM ZU LERNEN

Die Schäden, die Feldmäuse in Mäusejahren verursachen, können enorm sein. Landwirte belastet das, und letztlich wollen auch wir Konsumenten nicht, dass sich die Preise für Agrarprodukte erhöhen. Früher hat man mit Gift nicht lange gefackelt, heute sucht man teils nach Alternativen. Tiere zu beobachten, ist der erste Schritt, wenn es darum geht, naturverträgliche Lösungen zu finden.

FELDMAUS ERKENNEN

Wer einmal angefangen hat, Mäuse zu bestimmen, der wird bald merken, dass es gar nicht sooo schwer ist, die einzelnen Arten zu unterscheiden. Aber wenn ich das jetzt so locker dahinschreibe, muss ich ehrlicherweise auch gleich anfügen: Es gibt eine Gruppe, die in Sachen Bestimmung doch ein bisschen besonders ist. Es geht um die kleinen Wühlmäuse der Gattung *Microtus*.
Außer der eigentümlichen Schneemaus (*Microtus nivalis*) – in diesem Buch auch behandelt – gibt es in Deutschland noch vier weitere Arten: Kleinäugige Wühlmaus, Nordische Wühlmaus, Erdmaus und eben die Feldmaus. Alle sind sie klein, braun und kurzschwänzig. Leider ist hier nicht der Platz, um detailliert auf Unterschiede einzugehen. Aber es gibt zu diesem Thema doch auch eine gute Nachricht: Die ersten drei genannten Arten des Quartetts lieben es feucht: feuchte Wiesen, Sümpfe, Moore, Uferränder. Die Feldmaus ist die Einzige, die diese Bereiche meidet. Sie bevorzugt Äcker, trockenere Wiesen und Weiden.
Der englische Name der Feldmaus sagt viel aus: „Common Vole". Das lässt sich übersetzen mit „Gewöhnliche Wühlmaus" oder auch „Weitverbreitete Wühlmaus". Wenn du also eine kleine braune Wühlmaus auf einem Feld entdeckst, dann ist die Chance groß, dass du es mit einer Feldmaus zu tun hast.

DORT GUCKST DU

Die Feldmaus ist ein Kulturfolger. Wie der Feldhamster kam sie in der Vergangenheit gut damit zurecht, wie Landwirte die Landschaft gestalteten. Außer auf Äckern und nicht zu feuchten Wiesen, ist sie auch in Straßengräben oder auf Autobahnparkplätzen zu Hause. Unter den Methoden der industriellen Landwirtschaft leidet auch sie. Im Wald kommt sie nicht vor. Das Frühjahr ist eine günstige Beobachtungszeit, solange das meiste Grün noch im Boden steckt und die Feldmaus-Autobahnen nicht zugewachsen sind.

FELDHAMSTER

Cricetus cricetus, Common Hamster

LÄNGE (ohne Schwanz): 19–30 cm, **SCHWANZ:** 3,5–7 cm,
GEWICHT: 20–60 g – rund doppelt so schwer wie ein Maulwurf

Wenn du's dir in Sachen Hamster leicht machen willst, besuche einen Friedhof in Wien. Auf dem Wiener Zentralfriedhof oder dem Meidlinger Friedhof treffen sich mittlerweile Hamster-Fans aus der ganzen Welt. Auch der bekannte Naturfilmer David Attenborough hat hier gedreht. Die Hamster haben zwischen den Grabsteinen Ersatzlebensraum gefunden, werden von Besuchern geschätzt und gefüttert, weshalb die Nager ihre Scheu verlieren und auch tagsüber zu sehen sind.

In Deutschland stellen kleinparzellierte Äcker mit Getreide und Brachen den typischen Lebensraum des Hamsters dar. Weil solche Flächen selten geworden sind, sind Hamster vom Aussterben bedroht. Mittlerweile gibt es Förderprogramme, um die Populationen wieder aufzupäppeln. Diese Programme basieren im Kern darauf, dass Landwirte Geld dafür bekommen, dass sie Brachen oder einen Streifen Getreide auf ihren Feldern stehen lassen, der dann den Hamstern zur Verfügung steht.

Die beste Chance für den Beobachter ist gekommen, wenn der Bauer die Ernte teils schon eingeholt hat und die Baue mit den großen Ein- und Ausgängen freigelegt sind. Dann stakst du in der Dämmerung vorsichtig übers Stoppelfeld und beobachtest sie, wenn sie zum Futtersammeln unterwegs sind.

Sieht man einen in seinem Bau verschwinden, ergibt sich eine Chance: Flach auf den Boden legen und warten, bis er wieder rauskommt. Ungewollt verrät der Hamster, wo sein Baueingang im Gras liegt: Er hält den unmittelbaren Bereich um sein Bauloch teils kurz geschnitten. So sieht man ihn auch besser, wenn er wieder auftaucht.

Wenn er schließlich an die Oberfläche kommt, musst du absolut still liegen. Keine Bewegung. Wenn ihm was verdächtig vorkommt, verharrt er erst mal am Höhlenrand, guckt und streckt die Nase hoch. Das Näschen zuckt vorsichtig, vielleicht versucht er zu erriechen, ob da was faul sein könnte.

Wenn du Glück hast, nimmt er dann die typische Hamsterpose ein: auf den Hinterbeinen, Körper aufgerichtet, schwarze Brust breit präsentiert. Falls er sich noch drehen sollte, aufgepasst! Schau mal, was der für einen

lustigen Stummelschwanz hat. Was man auch unbedingt gesehen haben muss: den Hamster mit vollen Backen. Feldhamster schaffen es, Futter mit einem Gewicht von einem Viertel ihres Körpergewichts darin zu verstauen. Entsprechend lustig sieht das aus, wenn er sich die Backen vollgestopft hat.

AUF IN DEN KAMPF!

Der Feldhamster gilt als äußerst wehrhaft und mutig. Mit aufgerichtetem Körper und aufgeblasenen Backentaschen stellt er sich jeder Gefahr, faucht dabei lautstark, wetzt die Zähne und springt den vermeintlichen Feind sogar an. Oft hat der Feldhamster damit Erfolg und kann beispielsweise einen Jungfuchs vertreiben.

HAMSTER ERKENNEN

Aufgrund seiner Färbung und Körpergröße ist er unverwechselbar. Das typische Merkmal eines Feldhamsterbaus ist die steile Fallröhre. Sie führt mindestens 30 Zentimeter tief senkrecht nach unten und weist einen Durchmesser von 6 bis 8, manchmal 10 Zentimetern auf.

DORT GUCKST DU

Feldhamster leben bei uns fast ausschließlich auf bewirtschafteten Äckern. Nachfolgend sind die wichtigsten Verbreitunsgebiete in Deutschland aufgelistet. Sachsen-Anhalt weist das flächengrößte Feldhamster-Vorkommen in Deutschland auf (etwa 10 Teilpopulationen). Beispielort: Schwaneberg im Bereich der Magdeburger Börde; Mittelthüringen: ca. 18 isolierte Populationen; Niedersachsen: Braunschweiger, Hildesheimer und Calenberger Börde; Hessen: Rhein-Main-Gebiet und Wetterau. Beispielorte bei Hanau: Niederdorfelden, Schöneck, Hanau-Mittelbuchen, Bruchköbel Roßdorf, Nidderau-Windecken. Oder in Frankfurt bei Bergen-Enkheim; Rheinland-Pfalz: zwischen Mainz, Alzey und Worms; Baden-Württemberg: bei Mannheim ca. 200 Tiere – Baden-Württembergs größte Population; Main-Tauber-Kreis bei Bad Mergentheim; Bayern: Fränkisches Gäu zwischen Schweinfurt und Uffenheim; NRW: Horbach, nähe Aachen.

ZWERGMAUS

Micromys minutus, Harvest Mouse

LÄNGE (ohne Schwanz): 5–8 cm, **SCHWANZ:** 4,5–7,7 cm,
GEWICHT: meist 7–9 g – halb so schwer wie eine Hausmaus

Eine Zwergmaus musst du mal gesehen haben – unbedingt! Ich nenne dir drei Gründe, warum: 1. Sie ist das kleinste Nagetier unseres Kontinents. (Ihr wissenschaftlicher Name *Micromys minutus* heißt übersetzt „Kleine Kleinmaus".) 2. Achte auf ihre Klettertechnik: Die Zwergmaus nutzt ihren gleichmäßig kurz behaarten Schwanz als Greiforgan. Beim Klettern wickelt sie ihn um Halme und Äste. 3. Wenn du gaaanz dicht dran bist, achte auf eine weitere anatomische Anpassung: Auch „Hände" und Füße sind besonders fürs Klettern ausgelegt. Die jeweils erste Zehe – also diejenige, die dem Körper am nächsten liegt – ist zwar kein Daumen, kann aber wie ein Daumen den restlichen Fingern gegenübergestellt werden. Damit lässt sich prima zupacken. Und jetzt los auf Zwergmaus-Pirsch!

Aber ist das denn realistisch, nah an eine Zwergmaus ranzukommen? Absolut! 1. Im richtigen Lebensraum (siehe unten) ist sie keine Seltenheit. 2. Sie ist auch tagaktiv, was die Chancen erhöht, sie mal bei Licht zu sehen. Und 3. Sie klettert und verbringt viel Zeit *über* dem Boden. Das hilft ebenso, sie zu entdecken. Also: Versuch dein Glück! Aber wehe, du bist zu polterig! Die Zwergmaus hört ausgezeichnet und nimmt Geräusche aus bis zu sieben Meter Entfernung wahr. Hört sie dich, lässt sie sich fallen und ist dann so flott verschwunden wie jede andere Maus. Ganz ehrlich, der entscheidende Tipp ist der: Wärmebildgerät verwenden! Das macht den Unterschied.

NEW BALLS PLEASE!

Ist der Winter vorbei, baut die Zwergmaus Hochnester, meist in einer Höhe zwischen 30 Zentimetern und einem Meter über dem Boden. Die Nester sind kugelförmig und unter zehn Zentimeter im Durchmesser. Sie bestehen aus zwei Schichten. Die innere, feinere Polsterschicht besteht aus zerbissenen Grasblättern. Für die äußere Schicht schneidet die Zwergmaus die Blätter nicht ab, sondern lässt sie stehen und zerfasert sie nur. So bleiben die Blattstreifen grün, womit das Nest besser getarnt ist. Übrigens: In England, wo man einen Rückgang von geeignetem Zwergmaus-Lebensraum um 85 Prozent festgestellt hat, haben Naturfreunde mit Tennisbällen aus Wimbledon experimentiert. Sie sollten als Ersatz für die Nestkugeln dienen… womit wir beim Thema „effizienter Artenschutz" wären. Es gilt der Grundsatz: Der Lebensraum muss stimmen!

ZWERGMAUS ERKENNEN

Zwergmäuse sind im Sommer auf dem Rücken gleichmäßig ockerfarben. Der Bauch ist weiß,

die Grenze zwischen oben und unten scharf. Zum Winter hin verfärbt sich das Fell zwischen Kopf und bis etwa zur Mitte des Rückens graubraun. Der untere Rücken jedoch wird auffällig rotbraun. Der Schwanz ist etwa so lang wie der Körper.
Die Waldbirkenmaus ist ähnlich klein, aber zu selten, als dass es öfter einmal zu einer Verwechslung kommen könnte. Außerdem hat sie einen schwarzen Aalstrich und einen Schwanz, der bis zu 160 Prozent der Körperlänge ausmacht. Die Haselmaus ist ähnlich gefärbt, hat aber einen auffällig buschigen Schwanz. Die Nester der beiden Arten kann man verwechseln. Von der Zwergmaus heißt es wie gesagt, sie verbaue grüne Blätter, die noch mit der Pflanze verbunden sind.

DORT GUCKST DU

Die Zwergmaus ist sehr weit verbreitet – nicht nur innerhalb Europas, auch ostwärts bis Japan. Man findet sie zum Beispiel in üppiger Vegetation entlang von Flussufern und Feuchtwiesen und da, wo Kräuter, Gras und Stauden lange stehen bleiben. Optimal für die Zwergmaus sind Flächen, wo zum Beispiel Rohrglanzgras oder Seggen mindestens 50 Zentimeter hoch stehen bleiben. Wenn Schilf vorherrscht, geht sie dort nicht so gern hinein. Angeblich sind die Stängel zu dick, was ihr Mühe beim Kraxeln macht. Sie besiedelt überwiegend das Flachland. Im Gebirge gibt es Nachweise bis 1700 m. Damit es für sie auch im Winter passt, braucht sie Streifen mit altem Gras oder Waldränder mit Sträuchern. In Gebieten mit intensiver Landwirtschaft und Monokulturen sind Zwergmäuse nicht mehr unterwegs.

HERMELIN

Mustela erminea, Stoat

LÄNGE (ohne Schwanz): 20–30 cm, **SCHWANZ:** 7–12 cm,
GEWICHT: 150–350 g – ein Fünftel des Gewichts des Steinmarders

Es gibt zwei Methoden, ein Hermelin aufzuspüren. Hat man mal eines irgendwo gesehen, lohnt es sich, dort immer wieder das Gelände zu scannen. Das mache ich meist vom Fahrrad aus, auch mit dem Auto auf der Landstraße, wenn keiner hinter mir ist. Wenn sich dann eine Gelegenheit bietet, musst du dir die Zeit nehmen. Genieße die Zickzack-Tour des flinken Flitzers.
Verlässlicher ist, wenn man das Glück hat, einen Bau zu entdecken. Dort kann man dann tatsächlich über Wochen beobachten – wenn man nicht stört und Abstand hält.
Im Winter ist es einfacher. Da versperren Grashalme nicht die Sicht. Schau mit dem Fernglas oder pack dich warm ein und lege dich flach auf den Boden, vor dir ein dickes Kissen, auf das du die Kamera ablegst. Aber Vorsicht! Das Hermelin hört gut – auch das Klicken der Kamera.

HERMELIN ERKENNEN

Der lange schlanke Körper mit kurzen Beinen und dem Schwanz mit schwarzer Spitze macht es im Prinzip unverwechselbar. Das kleinere Mauswiesel hat einen kürzeren, einheitlich braunen Schwanz. Das Fell des Hermelins verfärbt sich von Sommerbraun auf Winterweiß.

DORT GUCKST DU

Das Hermelin kann überall in Deutschland außerhalb von Wäldern auftauchen. Der bei Weitem wichtigste Faktor, der das Vorkommen der Art bestimmt, sind die Beutetiere – z.B. Mäuse und Kaninchen. Für die kleine, oft tagaktive Art mit vielen Feinden ist zudem wichtig, Strukturen im Gelände vorzufinden, die Versteckmöglichkeiten bieten. Guter Hermelin-Lebensraum besteht aus Weiden, die durch Hecken gegliedert sind, aus Wiesen mit Trockenmauern oder den Rändern eines Naturwalds mit Feuerholzstapeln.

MAUSWIESEL

Mustela nivalis, Weasel / Least Weasel

LÄNGE (ohne Schwanz): 12–25 cm – enorme Größenunterschiede
SCHWANZ: 3–8 cm – kleiner als ein Drittel der Körperlänge
GEWICHT: 40–210 g – mitunter nur halb so schwer wie das Hermelin

Ganz ehrlich: Die Gelegenheiten, bei denen ich ein Mauswiesel beobachten konnte, kann ich an einer Hand abzählen. Es macht sich noch rarer als das Hermelin. Aber EINE Begegnung gehört zu meinen spektakulärsten überhaupt und ist an Tragikomik kaum zu übertreffen: Ich bin mit dem Bike unterwegs, als es links von mir auf dem Randstreifen quiekt. Sofort sehe ich da auch was zappeln. Anhalten, absteigen und zur Kamera greifen sind eins. Ich komme näher: Aha, da ist eine Maus… kurzer Schwanz … eine Wühlmaus. Aber da ist noch ein Augenpaar! Und ein Maul, das sich seitlich um die Maus schließt. Ein Mauswiesel! Es versucht seine Beute (s. Foto rechts) in ein Mäuseloch zu zerren. Aber da gibt es ein Problem:
Da das Wiesel die Maus quer gepackt hat, passt es nicht ins Loch. Dem Wiesel ist das egal. Es ist so knapp am Ziel, die Maus muss da jetzt einfach rein. Es zieht und zerrt, zum Nachfassen ist wohl keine Gelegenheit.
Die Maus schreit und schreit. Irgendwann flutscht der Nager schließlich doch durch den Tunneleingang. Aus die Maus.

MAUSWIESEL ERKENNEN

Im Unterschied zum Hermelin ist der Übergang zwischen braunem Oben und weißem Unten gezackt (nicht gerade). Der Schwanz hat keine schwarze Spitze. Und noch ein Detail: Mauswiesel, die in Deutschland vorkommen, haben im Sommer einen kleinen braunen Fleck hinter dem Mundwinkel. Das Fell ist meist auch im Winter braun.

DORT GUCKST DU

Wie das Hermelin kommt das Mauswiesel überall in Deutschland vor – mit denselben Vorlieben für den Lebensraum. Auch das kleine Wiesel folgt seiner Beute mühelos durch deren unterirdische Tunnel oder unter der Schneedecke. Es ist ebenfalls tag- und nachtaktiv.

WOLF

Canis lupus, Grey Wolf

LÄNGE: 1,0–1,6 m, **SCHULTERHÖHE:** 70–90 cm,
GEWICHT: 25–70 kg – in der Regel größer als ein Deutscher Schäferhund

Gibt es DIE Tierbegegnung? Sicher! Natürlich muss jeder für sich selbst definieren, welche Begegnung den stärksten Eindruck hinterlassen hat. Und vielleicht gibt es auch mehrere. Für mich sind Begegnungen mit Wölfen immer besonders eindrücklich. Aber ist eine Wolfsichtung wirklich realistisch? Ganz ehrlich: Die meisten Wolfsbegegnungen hatte ich in Kanada, aber ich wollte für dieses Buch unbedingt einen Wolf in Deutschland sehen und bin dafür in die Lausitz gefahren. Am dritten Tag war ich erfolgreich, und habe gedacht: Wenn die Autofirma aus Wolfsburg für „DAS Auto“ steht, dann steht die Begegnung mit dem Wolf für DAS Wildtier-Erlebnis.

RESPEKT GEFRAGT

Bei all meiner Begeisterung für den Wolf habe ich den Respekt nicht verloren und die Fakten nicht verdrängt. Ich sehe den Wolf als ein Tier, das gefährlich werden kann.
Fakt ist: Seit der Wiederbesiedlung hat es in Mitteleuropa noch keinen einzigen dokumentierten Fall gegeben, in dem ein Mensch von einem gesunden, wild lebenden Wolf angegriffen wurde (Stand: 2022/03). Weltweit gesehen aber sehr wohl. Allein im 20. Jahrhundert wurden -zig Fälle dokumentiert, bei denen Menschen durch Wölfe verletzt und auch getötet wurden. Wie passt das zusammen?

Wölfe wurden in Europa über Jahrhunderte systematisch verfolgt. Nur die scheuesten Tiere überlebten – wenn überhaupt. Im 19. Jahrhundert waren sie in West- und Mitteleuropa vollständig ausgerottet. Die, die jetzt zurückkommen, sind noch immer scheu. Aber „scheu sein" ist kein arttypischer Zustand des Wolfs. Der Wolf ist ein Opportunist, ein Tier, das sich anpasst. Mittlerweile sind Wölfe bei uns geschützt. Deshalb werden einzelne Wölfe ihre Scheu verlieren. Dann kann es auch für Menschen gefährlich werden, und es muss gehandelt werden. Vom Wolf begeistert, werde ich trotzdem bleiben.

WOLF ERKENNEN

Einen Wolf von einem Hund zu unterscheiden, macht wohl nur selten Probleme. Schwieriger ist es, die beiden Spuren auseinanderzuhalten. Die einzelne Spur eines erwachsenen Wolfs in Mitteleuropa ist ohne Krallen meist 8,5 bis 9,5 Zentimeter lang. Damit ist die Wolfsspur größer als die der meisten Hunde, aber natürlich gibt es auch sehr große Hunde. Ein einzelner Tritt genügt daher nicht, um das Tier sicher zu bestimmen. Wichtig ist auch der Verlauf der Spur: Wölfe und Hunde schnüren. Dabei liegen die Tritte in einer Linie, und die Hinterpfoten werden in die Spur der Vorderpfoten gesetzt. Der Unterschied: Der Wolf schnürt sehr geradlinig. Ein Hund hingegen weicht öfter von der Hauptlinie ab, läuft zickzack, schnüffelt mal hier, mal dort. Und noch etwas: Beim Wolf trabt kein Herrchen oder Frauchen parallel zur Spur.

DORT GUCKST DU

Die ersten Deutschland-Rückkehrer der Wölfe kamen von Polen her kurz vor der Jahrtausendwende und etablierten sich auf deutscher Seite zunächst in der Region Lausitz. Seither breiten sich Wölfe von Jahr zu Jahr weiter in Deutschland aus. Auch wenn sie mittlerweile Dänemark und die Südspitzen der Bundesrepublik in Bayern und Baden-Württemberg erreicht haben, gibt es nach wie vor einen Verbreitungsschwerpunkt im Nordosten. Das ehemalige Braunkohlerevier nördlich von Hoyerswerda ist inzwischen kein Geheimtipp mehr. Von einem Aussichtspunkt aus schaut man tief in die teils noch offene Landschaft. Die beste Gelegenheit, hier Wölfe zu sehen, hat man, wenn sie sich entlang von Seeufern bewegen und sich die Körper als Silhouetten gegen die helle Wasserfläche abheben. Achtung: Auch wenn die Sonne noch nicht aufgegangen ist, blenden die hellen Wasserflächen bereits und die Wölfe tun einem nicht immer den Gefallen, sich VOR dem Wasser zu bewegen. Deshalb Spektiv oder Kamera mit langer Brennweite auch auf Bereiche ausrichten, die zwischen Wasserflächen liegen und dann das Auge an die Helligkeitsverhältnisse anpassen lassen. Vielleicht döst ja gerade hier ein Wolf.

GROSSE HUFEISENNASE

Rhinolophus ferrumequinum, Greater Horseshoe Bat

LÄNGE: 5,7–7,1 cm, **FLÜGELSPANNWEITE:** 40 cm,
GEWICHT: 18–24 g eine der Größten – lang wie ein Zeigefinger; ausgebreitet wie ein Unterarm

Es ist eigentlich unfassbar, wie es um diese Art steht: Der Einsatz von Pestiziden ist dafür verantwortlich, dass die Bestände der großen Hufeisennase bei uns seit den 1950er-Jahren auf unter ein Prozent der bei uns ursprünglichen Populationsstärke eingebrochen sind. Mittlerweile sind wir hierzulande fast 84 Millionen Einwohner (2022/03). Wir leben verteilt auf 19 Millionen Wohnhäuser. Und in EINEM (1!) dieser Häuser befindet sich die letzte Wochenstube der Großen Hufeisennase. Innerhalb Deutschlands kommen die Jungen der Art nur noch hier, am Marktplatz 32 in 92277 Hohenburg in der Oberpfalz zur Welt. Es kann nicht anders sein: Dieses Haus ist DAS „Fledermaushaus", und deshalb heißt es auch so, und der Name steht über der Tür.

Aber darf man die Adresse verraten? Muss man nicht fürchten: Alle rennen hin und machen alles kaputt? „Ja" und „nein". „Ja": Wir dürfen/wir müssen die Adresse hier veröffentlichen, weil die Welt unbedingt erfahren muss, was hier für ein tolles Projekt läuft. Und „nein": Hier machen Besucher nichts kaputt, ganz im Gegenteil.

Seit der Entdeckung der hoch bedrohten Großen Hufeisennase in Hohenburg im Jahr 1992 wird alles darangesetzt, die kleine Population wieder aufzupäppeln. Mit einem Millionenbetrag musste erst einmal das Anwesen davor bewahrt werden, einzustürzen. Im vorderen Teil haben engagierte Fledermausschützer vom Landesbund für Vogelschutz (LBV) ein Informationszentrum eingerichtet. Im Gebäude dahinter liegt die eigentliche Fledermausresidenz. Hier können sich die empfindlichen Tiere heute über vier Etagen verteilen, je nachdem, welche Temperaturen vorherrschen.

Wer das Projektgebiet besucht, kann auf einem Fledermaus-Rundweg erleben, was hier sonst noch für die Große Hufeisennase getan wird: Zusammen mit örtlichen Landwirten wurde ein extensives Beweidungssystem mit der selten gewordenen Rinderrasse Oberpfälzer Rotvieh gestartet. Im Dung der Rinder entwickeln sich Insekten (zum Beispiel

Mistkäfer), auf die die Hufis stehen. Um weitere Fledermaus-Insekten zu fördern, wurden Obstbäume gepflanzt. Außerdem ist man dabei, neue Quartiergebäude einzurichten.

EINBLICK MIT DER HUFI-CAM

Wer beobachten will, wie die Fledermäuse unterm Dach locker abhängen oder wie Hufi-Babys bei der Mama trinken, kann das vom Wohnzimmersofa aus zu Hause machen. Den intimen Einblick in die Wochenstube gibt's live via „Hufi-Cam" im Internet: https://www.lbv.de/ratgeber/naturwissen/tier-web-cams/hufeisennase-webcam/.
Ansonsten gehen nur die Betreuer ins Haus zu den Hufeisennasen. Besuchertrubel will man ihnen nicht zumuten.

HUFIS ERKENNEN

Die Hufeisennasen haben Zoologen in eine eigene Familie gesteckt. Alle Arten aus der Familie zeigen – aus der Nähe betrachtet – das gleiche unverwechselbare Kennzeichen: ein „Hufeisen" im Gesicht, also eine Hautfalte, die sich hufeisenförmig um die Nase legt. Angeblich helfen das Hufeisen und weitere Nasenaufsätze, die zum Beispiel Lanzette und Sattel heißen, die sehr hohen und gerichteten Ortungslaute zu bündeln. Hufeisennasen haben außerdem die Angewohnheit, sich in Ruhe in ihre Flughaut einzuwickeln. Das hat sich auch Graf Zahl aus der Sesamstraße zum Vorbild genommen, der sein Gesicht oft hinter seinem Mantel verbirgt. In Deutschland kommt nur noch eine zweite, ebenfalls seltene Art vor, die Kleine Hufeisennase.

DORT GUCKST DU

Im Fledermaushaus (siehe oben). Vom Frühjahr bis zum September finden jeden Freitag Führungen statt. Gemeinsam mit anderen Fledermausfreunden sitzt man im Hof, bekommt erst noch interessante Fakten zum Projekt berichtet, und dann schnattert endlich der Fledermaus-Detektor los und die Blicke gehen nach oben. Schwarze Schatten huschen aus den glaslosen Fenstern und auch unten durch die offene Tür. Die Fledermäuse begeben sich auf Jagd in der Umgebung. Manche drehen noch eine Runde durch den Hof und flattern dicht und lautlos an den Köpfen der Besucher vorbei. Nein, es hat sich bislang noch keine Hufi in den Haaren eines Besuchers verheddert!

IM WALD

ROTHIRSCH

Cervus elaphus, Red Deer

LÄNGE: 150–210 cm, **SCHULTERHÖHE:** 90–125 cm,
GEWICHT: bis 200 kg – neun Mal so schwer wie ein Reh

„König der Wälder" wurde er genannt. Das ist er schon lange nicht mehr. Bis auf wenige Rotwildgebiete hat man den König im Waldland Deutschland abgesetzt. Der Hirsch hat kein Problem, er würde hierzulande fast flächendeckend vorkommen. Die Förster und Waldbesitzer haben ein Problem mit ihm, weil er Bäume schädigt. Regional ausrotten, das ist bis heute die Lösung. Am krassesten sind die Verhältnisse wohl in Baden-Württemberg. Hier schreibt der Gesetzgeber vor, den Rothirsch auf 96 Prozent der Landesfläche zu eliminieren. Wollte man ihn wiederhaben, müsste man gar nichts tun. Der anspruchslose Rothirsch würde sich sein Reich selbst zurückerobern.

Wo der Jäger sie nicht mehr jagt, werden Rothirsche zahm bis zur Aufdringlichkeit. Das habe ich einmal auf einem Campingplatz in Kroatien erfahren: Eine Hirschkuh kommt einfach so zwischen den Zelten daher geschlendert, und ich denke: „Cool, was für eine Gelegenheit, einen Hirsch auf so kurze Distanz zu sehen." Aber dabei bleibt es nicht. Das Tier hält genau auf mich zu, und ein Instinkt poppt in mir auf: „Stell dich doch besser hinters Zelt." Auf der anderen Seite schiebt die Hirschkuh ihren langen Hals in die Zelttür und kommt mit meiner Matratze im Maul wieder heraus. Sie kaut ein bisschen drauf herum und entscheidet dann: Schmeckt nicht. Ich schnappe mir die Unterlage und

wedle damit den Hirsch aus dem Camp. So kann's gehen.
Die in Herden lebenden Rothirsche bieten ein fast unglaubliches Repertoire an Merkmalen und natürlichen Verhaltensweisen, mit denen man sich beschäftigen kann. Hast du zum Beispiel gewusst, dass Rothirsche immer noch so drohen wie zu Zeiten, als ihre Vorfahren noch gar kein Geweih trugen – nämlich mit den Eckzähnen?! Dafür legen sie den Kopf in den Nacken und öffnen das Maul einen Spalt breit, um die Zähne zu präsentieren.
Viele Beobachter fasziniert das Geweih des Rothirschs. Über die Zahl der Enden lässt sich ungefähr das Alter abschätzen – aber mehr Enden bedeuten nicht unbedingt mehr Jahre. Kälber gehen oben ohne. Im zweiten Lebensjahr bilden sich unverzweigte Spieße. In den Folgejahren kommen weitere Enden hinzu. Im unteren Bereich sind Enden mit der Bezeichnung Aug-, Eis- und Mittelspross die Regel. Ab dem vierten Lebensjahr bildet sich am Ende eine Krone – eine strauß- oder becherartige Anhäufung von Geweih-Enden. Mit etwa zehn bis zwölf Jahren ist ein Maximum erreicht. Danach, im Alter, nimmt die Zahl der Enden wieder ab.

BRUNFTSPEKTAKEL

Während der Brunftzeit bilden die stärksten Hirschmänner Harems, also Gruppen von weiblichen Tieren, die sie gegen Konkurrenten verteidigen. In der Regel rennt ihnen der „Platzhirsch" entgegen, worauf diese flüchten. Je ebenbürtiger sich zwei Hirsche sind, desto eher kommt es zum Kampf, was sehr beeindruckend sein kann. Dabei schlagen sie weniger, als dass sie schieben.
Aber auch das ganze Drumherum ist ein Spektakel: Da werden die Geweihenden in den Boden gerammt und Grasfladen herausgeschleudert. Die Hirsche bepinkeln sich Bauch, Brust und Kopf und machen sich so zur wandelnden Duftmarke. Und vor allem auch akustisch wollen die Hirsche überzeugen und durch das sogenannte Röhren auf sich aufmerksam machen. Das Röhren der Rothirsche gehört sicherlich zu den eindrucksvollsten Tierlauten.

ROTHIRSCH ERKENNEN

Er ist aufgrund von Größe, langem Schädel und Fellfärbung eigentlich unverwechselbar.

DORT GUCKST DU

Trotz der oben beschriebenen Verhältnisse ist es ein Kinderspiel, an einen Rothirsch ranzukommen – dort, wo man sie nicht jagt. Die Teilvorkommen sind immer noch so häufig, dass die Liste der Gebiete zu lange würde, um sie in diesem Buch unterbringen zu können. Eine Karte dazu gibt's bei der „Deutschen Wildtier Stiftung". Meine persönlichen Rothirsch-Beobachtungs-Hotspots sind der Nationalpark (NP) Berchtesgaden (Winterfütterung), der NP Eifel, der Duvenstedter Brook bei Hamburg und der Darß im NP Vorpommersche Boddenlandschaft. Die beste Zeit, Verhaltensweisen zu erleben, ist die Brunft im September und Oktober. Wo nicht gejagt wird, ist der Rothirsch tagaktiv.

SIKA

Cervus nippon, Sika Deer

LÄNGE: 130–150 cm, **SCHULTERHÖHE:** 65–90 cm,
GEWICHT: 30–70 kg – größer als ein Reh, fast so groß wie ein Damhirsch

SIKA ERKENNEN

Der ostasiatische Sika gehört erst seit Ende des 19. Jahrhunderts zur hiesigen Fauna. Aus Japan hat er seinen Namen: „Sika" – was Hirsch bedeutet. (Entsprechend ist der „Sika-Hirsch" eine Wortdopplung.) Er sieht aus wie ein kleiner Rothirsch. Das rötliche Sommerfell hat weiße Flecken. Im graubraunen Winterfell sind Flecken nur angedeutet.

DORT GUCKST DU

Die Hauptvorkommen in Deutschland liegen in Nordrhein-Westfalen, im Bereich Möhnesee/Arnsberger Wald sowie im Kreis Höxter. Außerdem in Baden-Württemberg zwischen Schaffhausen und Osterfingen. Etwa 300 Sikas konzentrieren sich in Schleswig-Holstein auf die Regionen Angeln (Friedeholz, Gut Buckhagen, Rundhof und Drült), Schwansen und Hüttener Berge.

Wann immer ein Sika zu sehen ist, schaue ich ihm aufs Hinterteil und auf die Füße. Hintern ist klar: Er hat einfach einen der hübschesten. Ist ein Sika angespannt, etwa auf der Flucht, kann er die Pohaare zu einem imposanten Büschel aufbauschen.
Wofür Schweißflecken auf T-Shirts gut sein sollen, ist nicht klar. Wer auf diese Thematik eine Antwort finden möchte, wird vielleicht beim Sika fündig. Unterhalb der Ferse gibt es eine Drüse. Ausfließendes Sekret vermittelt den Artgenossen per Duftspur: Ich war hier! Die Stelle, an der das Sekret austritt, ist zusätzlich durch einen hellen Fleck gekennzeichnet. Das heißt, die Drüsen vermitteln nicht nur ein Geruchssignal, sondern auch ein optisches – nach dem Motto: Ich bin ein dufter Typ, und das zeigt sich bei mir bis ins Detail.

DAMHIRSCH

Dama dama, Fallow Deer

LÄNGE: 130–140 cm, **SCHULTERHÖHE:** 70–90 cm,
GEWICHT: 30–100 kg – im Schnitt schwerer als ein Sika, kleiner als ein Rothirsch

Er ist ein kurioser Typ. Da ist zum Beispiel das schaufelartige Geweih. Wie bei allen Hirschen wird es jedes Jahr neu gebildet. Aber keiner wirft es so spät ab wie der Damhirsch, nämlich erst im April. Ende August ist es bereits wieder neu aufgebaut. Zuletzt streift der Hirsch die durchblutete Basthaut ab: eine ziemlich blutige Angelegenheit (Foto oben). Und weil die Schaufeln so große Flächen bilden, sieht das dann um so gruseliger aus. Allerdings: Das Ganze dauert nur wenige Stunden. Schon bald ist das Blut angetrocknet und wird anschließend abgewetzt.
Und noch etwas: Wenn ein Rothirsch ruft (röhrt), schafft das im Wald eine sehr beeindruckende akustische Kulisse. Wenn der Damhirsch „ruft“, ist das für die meisten eine Lachnummer. Hört sich nämlich an wie Rülpsen. Und man darf staunen, wie oft er das wiederholt.

DAMHIRSCH ERKENNEN

Bei Damhirschen kommen relativ häufig Farbanomalien vor. Vermutlich hängt das damit zusammen, dass man sie jahrhundertelang halbdomestiziert gehalten hat. „Normal“ ist im Sommer eine rötlich braune Färbung mit weißen Flecken – ähnlich dem Sika. Im Winter ist das Fell dunkelgraubraun. Daneben gibt es weiße, schwarze und weitere Farbvarianten.

DORT GUCKST DU

Die bedeutendsten Damhirsch-Bundesländer sind Niedersachsen, Schleswig-Holstein, Mecklenburg-Vorpommern und Brandenburg. Aber in allen anderen Bundesländern kommt die Art ebenfalls vor – zu viele Regionen, um sie hier im Detail aufzulisten.

ELCH

Alces alces, Elk (Eurasien), Moose (Nordamerika)

LÄNGE: 2,5–2,7 m, **SCHULTERHÖHE:** bis 2 m
GEWICHT: 240-600 kg – größter Hirsch der Welt

Bei meinem ersten Elch habe ich nicht an Elch gedacht: Es ist Herbst. Ich sehe zwei weiße Punkte auf große Entfernung. Mein erster Gedanke ist: Da hängen zwei Plastiktüten in einem Baum. Beim Blick durchs Fernglas wird dann schnell klar: Die „Tüten" sind die frisch blank gefegten Geweihschaufeln eines männlichen Elchs. Der dunkle Körper des riesigen Hirschs hatte sich zunächst nicht gegen den dunklen Wald dahinter abgehoben, die nahezu weißen Geweihknochen sehr wohl. Beim Blick durchs Fernglas sehe ich nun auch, dass das Fell der unteren Beinhälften ebenfalls hell gefärbt ist. Sieht aus wie weiße Kniestrümpfe. Interessant in diesem Zusammenhang ist, dass der Elch kein helles Hinterteil (Spiegel) hat. Bei vielen Hirscharten ist der Spiegel für die Kommunikation untereinander wichtig. Beim Elch übernehmen die weißen Strümpfe diese Funktion.
Die Non-plus-ultra-Elch-Begegnung gelingt in einem Gebiet, das nicht bejagt wird, von einem kleinen Boot aus. „Nicht bejagt" bedeutet, dass die Elche nicht scheu sind. Ein „kleines Boot" ist wichtig, damit man auf Augenhöhe mit dem Elch ist. Im Boot ist man sicher und kann dicht an das Tier herankommen. Wenn Elche im Wasser stehen, dann meist, um dort Grünzeugs zu fressen. Dabei tauchen sie unter – manchmal komplett, meist nur mit dem Kopf. Tauchen sie wieder auf – das ist der Moment! – läuft das Wasser becherweise von Kopf und Ohren ab. Ein unvergesslicher Anblick!

GEWEIHGESCHICHTEN
Das Geweih ist auch beim Elch das faszinierendste Körperteil. Wie bei anderen Hirscharten wächst es jedes Jahr neu. Im September ist es fertig. Dann wird die durchblutete Basthaut abgestreift. Darunter kommt das eigentliche Geweih als heller blanker Knochen zum Vorschein. Es wird zum Raufen und Protzen gebraucht. Im Januar/Februar fällt es ab – das spart Energie. Dann geht's wieder von vorn los.
Die Weibchen legen großen Wert auf Macker mit großen Schaufeln. Die Geweihgröße wird durch zwei Faktoren bestimmt: gutes Futter und das Lebensalter. Allerdings: Im Alter, ab dem 13. Jahr (Durchschnitt), werden die Geweihe beim Elch wieder kleiner. Für die genauere Altersbestimmung sagt die Zahl der Geweihenden wenig aus. Da ist der Durchmesser des Schafts, an dem die Schaufel ansetzt, aussagekräftiger. Den Weibchen ist außerdem Symmetrie wichtig: Je mehr sich die einzelnen Geweihstangen ähneln, desto gesünder ist das Tier. Die Elchfrauen nehmen das instinktiv wahr.
Das Elchgeweih ist in zwei grundsätzlich verschiedenen Formen ausgebildet: als Schaufel oder als verzweigte Stange. Im Norden Europas ist die breite Schaufel häufiger, die bei nordamerikanischen Elchen noch ausgeprägter ist. Im Süden des Verbreitungsgebiets ist der verzweigte Typ typisch. Forscher vermuten, dass das mit der Auslese durch Jagd zu tun hat. Im Süden sind mehr Jäger aktiv, und viele haben es auf die breiten Schaufeln abgesehen.
Übrigens: Elchen mit Geweih sagt man nach, dass sie besser hören. Dabei wirkt die Schaufel wie ein Parabolspiegel, der Laute verstärkt. Weil wir Elchbeobachter keine Geweihschaufeln haben, legen wir deshalb die hohlen Hände hinter die Ohren, um besser hören zu können.

ELCH ERKENNEN
Die riesenhafte Größe, die lange Schnauze und das Schaufelgeweih sind eindeutige Kennzeichen.

DORT GUCKST DU
Größere europäische Elchpopulationen finden sich zum Beispiel in Skandinavien und im Baltikum, kleinere in Polen und Tschechien. Gelegentlich wandern sie von dort auch nach Deutschland ein, zum Beispiel auf den Darss an der Ostsee, ins Untere Odertal oder in den Bayerischen Wald. Meist wandern junge Männchen zur Brunftzeit im September. Finden sie kein Weibchen, ziehen sie weiter. Wird ein Elch heute auf deutschem Boden gesichtet, berichtet die Presse morgen darüber. Deshalb: Bevor man eines der oben genannten Gebiete besucht, einfach „Elch" und den Gebietsnamen ins Browser-Fenster eingeben. So stößt man auf aktuelle Elch-Infos. Vielleicht ist ja gerade einer unterwegs.
Elche leben in Laub- und Mischwäldern, die von Feuchtgebieten durchsetzt sind.
Elche sind tagaktive Einzelgänger. Zur Brunft kommen Männchen und Weibchen zusammen. Im April und Mai werden die Jungen geboren.

WILDSCHWEIN

Sus scrofa, Wild Boar

LÄNGE: 1,2–1,8 m **SCHULTERHÖHE:** 0,7–1 m
GEWICHT: 50–200 kg – teils gleiche Gewichtsklasse wie der Braunbär

Es passiert alle paar Jahre mal, dass da was im Laub raschelt. Ich gucke hin und sehe was Kleines mit Streifen wuseln: ein Frischling – ein kleines Wildschwein. Einmal in den Bergen stolpere ich in eine ganze Familie mit unzähligen Frischlingen. Die Mutter stürzt los und grunzt zum Aufbruch. Die Kleinen springen ebenfalls hektisch auf, heften sich an Mamas Hufe. Aber da kauert ja noch so ein Streifling.

Interessant, denke ich, welcher Strategie er vertraut. Eigentlich hat er ja schon einen Tarnanzug an. Die beigen, hell- und dunkelbraunen Streifen des Fells fügen sich perfekt zwischen vertrocknetes Gras und heruntergefallene Äste. Doch der Kleine scheint zu ahnen, dass das nicht reichen könnte, und hat Schnauze und Kopf unter ein Grasbüschel geschoben. Ha, ha, das erinnert an die Legende vom verängstigten Strauß, der den Kopf in den Sand steckt. Eine Sekunde später glaubt der Frischling selbst nicht mehr dran, springt auf und seiner Familie hinterher. „War das nicht gefährlich?", kriege ich hinterher zu hören. Hat sich nicht so angefühlt. Ich habe dann nachgeforscht. Geschichten über Wildschwein-Angriffe findet man zuhauf im Internet und speziell auf Youtube. Darunter ist allerdings wenig, was ein Naturbeobachter verwerten könnte. Forscher John J. Mayer hat die Angriffe systematisch analysiert. Hier die Ergebnisse in aller Kürze:

Angriffe durch Wildschweine sind selten. Die meisten Angriffe passieren auf dem Land und werden *NICHT* provoziert. Die Mehrzahl der Zwischenfälle gibt es tagsüber im Winter, verursacht durch große männliche Schweine, die allein unterwegs sind (Paarungszeit!). Eine

Häufung von Attacken durch Mutterschweine ist nicht belegt. Die meisten Opfer sind ebenfalls Männer, die allein unterwegs sind. Die häufigsten Verletzungen sind Schnitte und Einstiche an Beinen und Füßen, meist nur an einer Stelle. Tod durch Verbluten ist schon vorgekommen. Welche Schlüsse ziehe ich daraus?

Weiter Schweine gucken gehen! Gegenfrage: Wer steigt nicht mehr ins Auto, weil zum Beispiel 2019 in Deutschland rund 387.000 Personen durch Verkehrsunfälle verletzt wurden? Na also! Wenn es je passieren sollte, dann auf Folgendes achten: Darauf einstellen, dass dich das Wildschwein einfach umrennt. Rucksack absetzen, als Schild verwenden. Ohne Rucksack auf dem Rücken kommt man schneller wieder auf die Beine. Leicht schräg positionieren, die Sau nie ZWISCHEN die Beine kommen lassen, um so die Hauptschlagadern auf den Innenseiten der Oberschenkel vor den scharfen Eckzähnen zu schützen.

WENN DIR SCHWEINE AN DIE TASCHE GEHEN

Speziell aus Berlin liest man Schlagzeilen wie „Wildschwein ließ Respekt vor fremdem Eigentum vermissen", „Schamlos beklaute Badegäste" oder „Wildschweinmama riss die Picknickdecke weg". Tatsache ist, dass speziell Stadtschweine nicht nur lernen, wo und von wem ihnen keine Gefahr droht, sondern auch, dass es in Taschen oder Rucksäcken etwas zu fressen geben kann. Die Schweine schnappen sich die Taschen von der Liegedecke oder aus dem Fahrradkorb. Man kann in so einem Fall versuchen, die Schweinebande mit Händeklatschen zu vertreiben. Dass du dein Eigentum wiederbekommst, ist nicht garantiert.

WILDSCHWEIN ERKENNEN

Aufgrund von Größe und Gestalt eigentlich unverwechselbar. Bei Nacht, Nebel und großen Distanzen wurden sie aber auch schon mit Kühen verwechselt.

DORT GUCKST DU

Wenn dir die Attacke-Infos jetzt nicht den Spaß verdorben haben, dann gehst du entweder Stadtschweine gucken – zum Beispiel in Berlin, Rostock oder im Ebersberger Forst, wo man bis auf wenige Meter an die Tiere herankommt und Wildschweine in allen Details beobachten und fotografieren kann. Oder du fragst bei einem Jäger an deinem Wohnort an, ob er dich nachts mal auf einen Hochstand klettern lässt. An sogenannten Kirrungen lockt der Jäger Wildschweine mit Maiskörnern an. Oft treffen die Schweine allerdings erst nach 23 Uhr ein. Willst du es auf eigene Faust versuchen, suche mit einem Fernglas in einer Vollmondnacht Felder ab, auf denen Wildschweine was zu fressen finden (Mais, frisch eingesätes Getreide etc.).

MUFFLON

Ovis aries musimon, European Mouflon

LÄNGE: 105–130 cm, **SCHULTERHÖHE:** 65–75 cm,
GEWICHT: 20–40 kg – kleiner als eine Gämse, aber schwerer

Die Brunftzeit ist eine gute Beobachterzeit. Dies gilt auch für Mufflons. Die männlichen Tiere sind dann viel unterwegs, was die Wahrscheinlichkeit erhöht, die Tiere zu sehen. Und es ist Action angesagt. Der Kopfnuss-Boxkampf der Mufflons ist sicher einer der außergewöhnlichsten Sport-Events unter heimischen Tieren.

Schon wenn zwei Widder zum Kräftemessen auf einer Lichtung eintreffen, ist das ein Hingucker. Die Kontrahenten bauen sich mit etlichen Metern Abstand voreinander auf – und warten. Wie sie sich abstimmen, wann sie zeitgleich starten, um aufeinander zuzulaufen, ist mir bis heute ein Rätsel. Los geht's mit einem kurzen Sprint. Vor dem Aufschlag wird die Nase nach unten Richtung Brust genommen, und dann: wumms! Der Aufschlag ist unglaublich heftig! Im deutschen Fußball wird über ein Kopfballverbot für Jugendliche diskutiert. Ich frage mich, was wohl im Kopf von einem Widder passiert. Ein Glückspilz ist, wer so eine Kopfnuss aus kurzer Distanz fotografieren kann. Bei einer Aufnahme, die mir in Sardinien gelungen ist, sieht man, wie ein Grasbüschel zwischen die Schädel gerät, und die Grassamen wie bei einer Explosion durch die Luft geschleudert werden. Ekstase pur!

MUFFLON-GESCHICHTE

DER oder DAS Mufflon wird als eingeführte Wildschafart oder verwilderte Haustierrasse angesehen. Zoologen bezeichnen die männlichen Tiere als Widder oder Böcke, Weibchen als Geißen oder Schafe. Das Mufflon wurde bereits vor 7000 Jahren aus dem vorderen Asien nach Europa, unter anderem nach

Korsika, Sardinien und einige andere Mittelmeerinseln gebracht. Von dort gelangten sie auch nach Mitteleuropa. Um 1900 begann man mit Ansiedlungen in Deutschland, etwa in Lüneburg, im Harz, im Taunus und im Solling. Heute sind Mufflons in Deutschland teils durch Wölfe bedroht. Eine Ursache liegt im Fluchtverhalten der Wildschafe, die sich in ihrer ursprünglichen Heimat in unzugängliche Bereiche retten. Wo es diese nicht gibt, haben die Mufflons schlechte Karten. So wurden sie in der sächsischen Lausitz und der Göhrde bei Lüneburg vom Wolf bereits ausgerottet.

MUFFLON ERKENNEN

Unter allen europäischen Huftieren ist das Mufflon das bunteste. Und zur Fortpflanzungszeit von Oktober bis Dezember wirken die Tiere wie rausgeputzt: Die Grundfarbe ist ein Kastanienrot. Sehr auffällig sind die weißen Sattelflecke zu beiden Seiten des Körpers. Auch Bauch, Hinterteil und „Socken" blitzen hell hervor. Vor dem Sattel ist das Fell schwarz, ebenso wie der vordere Hals und die Brust. Dort sind die Haare bei reifen Widdern auch verlängert. Sie können wie eine vornehme Halskrause wirken, die an den hohen Hemdkragen von Modezar Karl Lagerfeld erinnern.

DA GUCKST DU

Der Bestand in Deutschland teilt sich in etwa 120 Teilpopulationen auf. Hier einige Beispiele, nach Bundesländern sortiert. Schleswig-Holstein: Ostholstein, Landkreis Steinburg, Landkreis Rendsburg-Eckernförde; Mecklenburg-Vorpommern: Nationalpark Vorpommersche Boddenlandschaft/Hiddensee/südliche Dünenheide; Niedersachsen: Solling/Dassel; Sachsen-Anhalt: bei Oschersleben; Brandenburg: Landkreis Oberhavel; Hessen: Taunus; Thüringen: Forstämter Heiligenstadt und Saalfeld-Rudolstadt. Sachsen: Nationalpark Sächsische Schweiz, Forstbetrieb Marienberg; Nordrhein-Westfalen: Rureifel-Jülicher Börde, Oberes Sauerland/Schmallenberg und Siegen-Wittgenstein; Nationalpark Eifel; Ahrgebirge; Rheinland-Pfalz:Roßbach/Westerwald; Donnersberg; Bayern: Landkreise Ebersberg, Eichstätt und Bamberg; Baden-Württemberg: Tiefental zwischen Blaubeuren-Weiler und Heroldstatt, Schmiechtal bei Ehingen, südlich von Balingen – Bereich zwischen Hörnle und Lochen. Mufflons werden in Deutschland überall bejagt – selbst in den Nationalparks. Sie sind entsprechend scheu und deshalb meist nur in der Dämmerung zu beobachten. Fernglas nicht vergessen!

EICHHÖRNCHEN

Sciurus vulgaris, Eurasian Red Squirrel

LÄNGE (ohne Schwanz): 20–25 cm, **SCHWANZ:** 15–20 cm
GEWICHT: 25–45 g – größer als ein Siebenschläfer, ein Viertel des Gewichts des Baummarders

Mein bestes Eichhörnchen-Erlebnis hatte ich mal in meinem Büro. Gegenüber beim Nachbarn stand bis vor ein paar Jahren noch ein Walnussbaum. Die obersten Bereiche der Krone ragten bis zu mir in den ersten Stock hinauf. Ende September, wenn die Nüsse reif werden, kam ein Eichhörnchen öfter vorbei, um zu ernten. Günstig war, dass einige der Nüsse genau auf meiner Augenhöhe hingen. Um zu beobachten, ist das viel besser, als wenn man von schräg unten gucken muss. Beim ersten Eichhörnchen-Besuch habe ich dann gleich Kamera und Stativ neben meinem Schreibtisch in Position gebracht – die Fenster davor weit geöffnet. Sich verstecken oder tarnen ist bei Eichhörnchen nicht nötig.

Manchmal ernten Eichhörnchen, indem sie pflücken, fallen lassen und unten einsammeln. In meinem Fall hatte ich Glück: Mein Hörnchen fing gleich oben in der Krone an auszupacken und zu fressen. Bekanntermaßen ist die eigentliche Walnuss von einer grün-schwarzen Hülle umgeben. Von Walnussblättern weiß man, dass sie Gerbstoffe enthalten, die bitter schmecken. Das trifft wohl auch auf die Fruchthülle zu, die nun ganz offensichtlich auch meinem Hörnchen nicht schmeckte. Das Auspacken lief nämlich so ab, dass das Hörnchen mit den Händen die Nuss hielt und mit seinen typischen Nagerschneidezähnen die Hülle aufschnitt und abraspelte. Was mich verblüffte, war, wie

das Hörnchen den „Abfall" entsorgte. Nach ein paarmal Raspeln hatte mein Nussfreund nämlich schnell das Mäulchen voll. Die Stücke wurden dann vermutlich unter Mithilfe der Zunge regelrecht aus dem Maul hinauskatapultiert. Ich sah das und wusste sofort: Ralf, DAS Motiv musst du gut erwischen. Das Ergebnis siehst du auf der linken Seite.

WAS INS MÄULCHEN KOMMT

Nagetier hin oder her: Eichhörnchen sind Allesfresser, die außer Samen, Knospen und Obst auch Insekten, Schnecken, Vogeleier und Vogeljunge lecker finden. Wer Glück hat, sieht ein Eichhörnchen, das mit einem regungslosen Jungen im Maul unterwegs ist. Das ist kein Fall von Kannibalismus, hier ist ein Umzug in ein neues Lager im Gange. Um der Mutter das Schleppen zu erleichtern, fällt das Junge in eine so genannte Tragestarre. Am Ziel angekommen, regt es sich wieder.

EICHHÖRNCHEN ERKENNEN

Was ist die typische Eichhörnchenpose? Klar, es hockt auf den Hinterfüßen, hält den puscheligen Schwanz in einer S-Kurve am Rücken angelegt nach oben und bearbeitet eine Nuss, die es in Händen hält. Wenn es gerade frisst, ist das eine gute Gelegenheit, auf Details zu achten.
Erklären, wie das farblich sehr variable Eichhörnchen aussieht, muss man hierzulande eigentlich nicht. Es ist die einzige heimische Hörnchenart, die in Bäume klettert. Einmal gesehen, erkennt es jedes Kindergartenkind. Das Ziesel, ein Erdhörnchen, ist in Deutschland ausgestorben. Es gibt allerdings Bemühungen, es wieder anzusiedeln. An verschiedenen Stellen hat man lokal Streifenhörnchen ausgesetzt, zum Beispiel das amerikanische Streifen-Backenhörnchen (*Tamias striatus*) im Zoo Wuppertal.

DORT GUCKST DU

Das weitverbreitete Eichhörnchen ist vor allem ein Waldtier. Es verrät sich, wenn es Fichtenzapfen gefressen hat. Um an die Samen zu kommen, muss es erst einmal die Deckschuppen entfernen, die dann oft in großen Mengen liegen bleiben. Im Gegensatz zu anderen Tieren beißt es die Schuppen nicht ab, es reißt sie ab.
Eichhörnchen können dort, wo sie gefüttert werden, handzahm werden. Im Leipziger Clara-Zetkin-Park etwa bedienen sich Eichhörnchen sogar aus den Taschen von Parkbesuchern. Auch im Park des Pillnitzer Schlosses bei Dresden kann man sie mit der Hand füttern.
Eichhörnchen sind von Westeuropa bis Japan verbreitet. Biologen unterscheiden teils bis zu mehr als 40 Unterarten. Auf Reisen macht es Spaß zu sehen, wie sich die Fellfarbe von Region zu Region ändert.

SIEBENSCHLÄFER

Glis glis, Fat Dormouse

LÄNGE (ohne Schwanz): 12–19 cm, **SCHWANZ:** 11–16 cm,
GEWICHT: 70–210 g – oft nicht halb so schwer wie ein Eichhörnchen

Diese drei Aspekte helfen, den Siebenschläfer zu entdecken: ihr Appetit, ihr Hang zum Krachmachen und eine Vorliebe für Landhäuser oder Gartenhäuschen. Hier wird erklärt, warum:

Beste Karten fürs Beobachten hat man, wenn in einem Busch oder Baum gerade die Früchte erntereif sind. In einem Haselstrauch habe ich sie schon gesehen oder im Mittelmeerraum in Feigenbäumen. Haben sie dort erfolgreich geerntet, stehen die Chancen gut, dass sie dahin zurückkommen.

Bucheckern mögen sie auch gern, aber die Krone einer Buche ist zu weitläufig. Da ist es eher unwahrscheinlich, dass sie an einen zuvor besuchten Ort zurückkehren. Die Krone eines Walnussbaums wiederum kann zwar auch sehr weitläufig sein, aber weil die Walnuss eine echt harte Nuss ist, sind die Tiere relativ lange damit beschäftigt, diese zu öffnen. Solange sie dies tun, verharren sie an ein und derselben Stelle – was wiederum gut fürs Beobachten ist. Als Nachteil kann es sich herausstellen, dass die Tiere draußen sehr scheu auf Licht reagieren. Eine Taschenlampe mit Rotlicht kann helfen.

Den Krach, den Siebenschläfer in Häusern veranstalten, muss man teils wohl schon als gesundheitsgefährdend einstufen. In einer tschechischen Studie heißt es, die nächtlichen Geräusche könnten einen „unerträglichen Pegel" erreichen. Für Tierbeobachter ist der Krach von Vorteil, weil man so auf die Tiere aufmerksam wird. Die Rufe erinnern teils an Quietscheenten, aus denen man die Luft drückt. Wenn Siebenschläfer gestresst sind, geben sie einen stakkatoartigen Laut von sich, der irgendwo zwischen Brummersummen und einem nicht anspringenden Motor liegt.

Es sind wohl vor allem die folgenden Gründe, warum Siebenschläfer gerade an und in naturnahen Gebäuden gesehen werden: Landhäuser sind oft von Gärten mit Obstbäumen umgeben. Im Haus finden sie eventuell Vorräte oder ein Versteck zum Überwintern. Und an Gebäuden gewöhnen sich die Tiere eventuell an Kunstlicht, wodurch man sie besser sehen kann. Hier werden sie manchmal auch bewusst gefüttert, was die Tiere dann handzahm werden lässt. Ein artgerechtes Siebenschläferhaus ist meist mit Naturmaterialien gebaut – wie man es heute nur noch selten findet. Dem Nager ist es wichtig, dass er zwischen draußen und drinnen wechseln kann. Einmal entdeckte ich einen, der den Weg nach draußen nicht mehr fand. Er hatte sich in einem Einmachglas eingerollt. Der Schwanz, nach vorn und übern Kopf gelegt, ersetzte dabei die Decke. Leider wachte er aus dem Winterschlaf nicht mehr auf.

BOULDERNDE BILCHE

Geht es darum, abzuschätzen, wie sich die Bilche durchs Haus bewegen, ist zu bedenken, dass sie hervorragende Kletterer sind, die entlang von rauverputzten Wänden oder roh belassenen Balken bouldern. Selbst entlang von glatten Nut-und-Feder-Bretterwänden steigen sie nach oben. Fehlt ein Durchschlupf, hat der Siebenschläfer kein Problem sich durchzunagen. Leider macht er das auch in Bereichen, wo Kabel verlegt sind.

SIEBENSCHLÄFER ERKENNEN

Er ist unsere größte von vier Schläferarten. Das Fell überm Rücken ist grau bis graubraun, der Bauch weiß gefärbt, der Schwanz buschig. Die großen schwarzen Augen wirken durch einen schwarzen Fellring noch größer. Menschen, die noch nie einen Siebenschläfer gesehen haben, halten ihn für eine Art Hörnchen. Garten- und Baumschläfer sind kleiner und im Gesicht anders gezeichnet. Mit der vierten Art, der Haselmaus, gibt's keine Verwechslungsgefahr.

DORT GUCKST DU

Der Siebenschläfer lebt in natürlich aufgebauten Laubwäldern mit viel Unterwuchs, in denen Eichen und Buchen dominieren. Bucheckern sind ein wichtiger Nahrungsbestandteil. Er kommt bis in Höhen von etwa 1500 bis 2000 Meter vor, also bis an die Grenze für diese Bäume. Offenbar hat er auch eine Vorliebe für Felsen mit Höhlen. Obstbaumwiesen mit Nistkästen und Landhäusern sind wohl als Ersatzbiotope zu sehen.
Der Siebenschläfer ist in der Regel nachtaktiv. Die meisten Beobachtungen gelingen im September und Oktober. Teils schon im September bis Anfang Mai machen Siebenschläfer Winterschlaf. Tiere, die tatsächlich so lange, also insgesamt acht Monate, unter der Erde verbringen, heißen deshalb nicht „Achtschläfer" ...

GARTENSCHLÄFER

Eliomys quercinus, Garden Dormouse

LÄNGE (ohne Schwanz): 11–15 cm, **SCHWANZ:** 9–12 cm,
GEWICHT: 60–140 g – kleiner als ein Siebenschläfer

Er ist der bunteste Bilch. Je nachdem, welches Körperteil ich als Erstes dargeboten bekomme, schaue ich zunächst auf den Kopf oder den Schwanz.

GARTENSCHLÄFER ERKENNEN

Am Kopf versichere ich mich, dass die schwarze Augenbinde bis hinter die großen Ohren reicht. Beim sehr seltenen Baumschläfer reicht sie nur bis zur Basis der Ohren und der Siebenschläfer hat lediglich schwarze Ringe um die Augen. Nasenrücken und Stirn sind braun, die Unterseite ist weiß.
Der recht dünne Schwanz ist fast so lang wie der Körper und beim erwachsenen Tier dreifarbig: oben braun, unten weiß, mit schwarz-weißer Endquaste. Das ist ein Kunstwerk von einem Schwanz! Siebenschläfer und Baumschläfer haben einen buschigen Schwanz. Übrigens: Bilche sind in der Lage, ihre Schwanzhaut abzustreifen, wenn sie am Schwanz gepackt werden (Autotomie!). So können sie Feinden entkommen.

DORT GUCKST DU

Leider gibt es nur noch kleine, isolierte Vorkommen. Vielerorts ist er verschwunden. Laut naturgucker.de wird die Art aus dem Rhein-Mosel-Gebiet zwischen Hockenheim und Köln gemeldet. Er kommt in Nadel- und Mischwäldern mit felsigem Untergrund vor, teils am Rand von Weinbergen. Wie der Siebenschläfer dringt er in Hütten ein. Gartenschläfer sind eigentlich von Ende Oktober bis Mitte März im Winterschlaf – eigentlich. Laut naturgucker.de werden sie jedoch das ganze Jahr über nachgewiesen. Der Schwerpunkt der Beobachtungen liegt allerdings zwischen Juni und Oktober. Der Gartenschläfer erscheint etwa 30 Minuten nach Sonnenuntergang.

HASELMAUS

Muscardinus avellanarius, Hazel Dormouse

LÄNGE (ohne Schwanz): 6,5–8,5 cm, **SCHWANZ:** 5,5–8 cm, **GEWICHT:** 15–25 g – kleiner als ein Gartenschläfer

Verflixt aber auch! Es ist wie bei der Zwergmaus, irgendein Blättchen versperrt immer die Sicht auf den kleinen Kletterer im dichten Gestrüpp. Fühlt sie sich gestört, flüchtet die Haselmaus zunächst nach oben, bleibt regungslos sitzen und schleicht dann langsam davon.
Die Haselmaus besiedelt Laub- und Mischwälder mit viel Unterholz und hält sich gern an Waldrändern und Feldhecken mit Brombeeren, Himbeeren und Schlehen auf. Gebäude meidet sie. Die Art ist meist nachtaktiv. Sie hält Winterschlaf von Oktober/November bis März/April und wird am häufigsten Mitte September nachgewiesen.

HASELMAUS ERKENNEN

Das sind die typischsten Kennzeichen: gelbbraune bis goldgelbe Färbung, große schwarze Augen, buschiger Schwanz. Von Färbung und Größe her ist sie am ehesten mit der Zwergmaus zu verwechseln, aber ihr Schwanz macht sie dann doch unverwechselbar. Die Kugelnester der beiden Arten sind ebenfalls ähnlich. Anders als die Zwergmaus verarbeitet die Haselmaus aber keine frischen Grashalme, die noch mit der Pflanze verbunden sind. Die Haselmaus bezieht auch gern Nistkästen. Findest du darin Vorräte, stammen diese am ehesten von Wald- und Gelbhalsmäusen. Haselmäuse tragen keine Vorräte ein.

DORT GUCKST DU

Die Art kommt eher im Süden Deutschlands vor. Die Verbreitung im Nordwesten ist lückenhaft; im Nordosten fehlt die Art weitgehend. Die meisten Sichtungen werden aus dem westlichen Mitteldeutschland gemeldet, etwa in dem Bereich, der von den Orten Karlsruhe, Trier, Bonn, Kassel, Würzburg begrenzt wird.

GELBHALSMAUS

Apodemus flavicollis, Yellow-necked Mouse

LÄNGE (ohne Schwanz): 9–13 cm, **SCHWANZ:** 9–13 cm,
GEWICHT: 20–50 g – größer als Wald- und Hausmaus

Wird es kühler, kommen die Gelbhalsmäuse – ins Haus. So ist es zumindest bei uns. Wir wohnen in einem alten Schwarzwaldbauernhaus. Dann wird die Lebendfalle aufgestellt.
Tag 1: Ich komme in die Küche, und es klappert schon. Aus der Lebendfalle landet die Maus in meinem Mäuseaquarium – ohne Wasser! Es ist eine wunderschöne Gelbhalsmaus mit Brustband und megalangem Schwanz. Im Aquarium kann ich sie mir genauer ansehen, und mir fällt auf, dass das linke Ohr ein kleines, eiförmig ausgestanztes Loch aufweist (Foto unten – der Biss eines Rivalen?). Auf der anderen Straßenseite lasse ich sie in die Freiheit hüpfen.
Tag 2: Aufstehen, Kaffee machen. Blick zur Falle. Wieder ist was drin. Ach, schau an, Lochohrmaus ist wieder da. Sie hat zurückgefunden. Mein Gedanke: Mal gucken, ob wir ein Spielchen spielen können. Kommt sie abermals? Und von wie weit entfernt? Entlassungsstelle an Tag 2,30 Meter von der Fangstelle entfernt.
Tag 3: Heute Morgen geht der Blick zur Mausefalle – noch vor dem Griff zur Kaffeefiltertüte. Wieder was drin. Wieder eine Gelbhalsmaus. Wieder – na klar – Lochohrmaus (Looma). Ich lege eine Protokollseite an. Entlassungsstelle an Tag 3: 100 Meter vom Haus entfernt.
Tag 4: Keiner erwartet mehr etwas anderes: Looma sitzt wieder in ihrer Falle. Looma springt in der Brombeerkurve – 200 Meter (!) vom Haus entfernt ins Grüne.
Tag 5: Ha! Falsch vermutet. Heute hat Looma eine Vertretung geschickt – eine ohne Ohrenkerbe.
Tag 6: Ja, richtig. Looma ist wieder da. Sie hat sich zum fünften Mal selbst gefangen. Ich gehe bis zum Ende unseres Feldwegs: 340 Meter (!) Luftlinie von unserem Haus entfernt und lasse Looma laufen. Und das ist das Ende dieser Anekdote: Looma kommt kein 7. Mal. Merke: Eine Gelbhalsmaus hat einen ziemlich guten Orientierungssinn – und scheint zu wissen, was sie will.

AGILER NAGER

Die Gelbhalsmaus ist ausgesprochen bewegungsaktiv. Sie kann schnell laufen, weit springen und mühelos klettern. Dabei erreicht sie sogar Baumkronen und bezieht Nistkästen. Gelbhalsmäuse sind nachtaktiv. Bei Regen sieht man sie manchmal des Nachts in größerer Zahl über Waldstraßen hüpfen.

GELBHALSMAUS ERKENNEN

Die Gelbhalsmaus gehört zu den „Echten Mäusen", einer Familie, die in Deutschland acht Arten umfasst – von der Zwergmaus bis zur Wanderratte. Die Gelbhalsmaus spielt hier in der Mittelgewichtsklasse mit. Die Farbe des Rückens ist bräunlich variabel, mit rötlichem, gelblichem oder tiefbraunem Anflug. Die Unterseite ist reinweiß und deutlich abgesetzt. Das namensgebende gelbe Halsband kann in der Ausdehnung ebenfalls variabel sein (Bild rechts unten). Augen und Ohren sind groß. Der lange Schwanz ist meist länger als der Körper. Ausnahmen gibt's.

Die Hausmaus erscheint grauer, ihr heller Bauch kontrastiert meist weniger stark. Ihr Schwanz erreicht nicht ganz die Länge des Körpers.
Die größte Herausforderung in Sachen Bestimmung ist die nächste Verwandtschaft. Die Gelbhalsmaus zählt zur Gattung Waldmäuse (*Apodemus*). Da gibt's innerhalb Deutschlands drei weitere Arten: die Brandmaus, die „eigentliche" Waldmaus und die Alpenwaldmaus.
Die Brandmaus macht es uns noch leicht: Ein eleganter schwarzer Aalstrich über dem Rücken macht sie unverwechselbar.
Die Waldmaus hat typischerweise kein geschlossenes Brustband. Ihr Bauch ist nicht reinweiß, sondern weißgrau. Wie bei der Hausmaus erreicht auch ihr Schwanz nicht ganz die Länge des Körpers. Die Alpenwaldmaus ist nicht sicher nach äußeren Merkmalen zu unterscheiden. Sicher ist nur: Die Alpenwaldmaus ist eine Maus der Alpen. Die Gelbhalsmaus dringt allerdings auch in die Berge vor. Außerhalb der Alpen gibt es keine Verwechslungsgefahr.

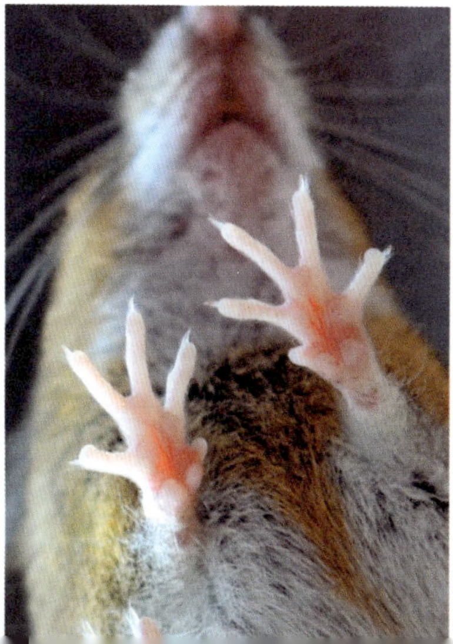

DORT GUCK HIN

Gelbhalsmäuse sind über fast ganz Deutschland verbreitet. Sie fehlen nur im äußersten Nordwesten von Niedersachsen, in Schleswig-Holstein in den Nordseemarschen und auf den Nordfriesischen Inseln. Sie bevorzugen Laub- und Mischwälder, kommen aber auch in Parks, naturnahen Gärten und Feldhecken vor. Der 1,5 Meter tief gelegene Bau befindet sich häufig unter Baumwurzeln und Steinen.

RÖTELMAUS

Clethrionomys glareolus, Bank Vole

LÄNGE: (ohne Schwanz): 8–12,5 cm, **SCHWANZ:** 3–6,5 cm,
GEWICHT: 15–35 g – etwa so groß wie eine Waldmaus, aber mit kurzem Schwanz

Die Rötelmaus habe ich besonders gern. Ich bin viel im Wald unterwegs, und ich weiß, an welchen Lieblingsplätzen meine Rötelmäuse rennen. Im Frühjahr treffe ich sie dort garantiert an.

Wenn sich die Rötelmaus durchs Gelände bewegt, ist sie sehr darauf bedacht, in Deckung zu bleiben. Sie scheut sich über offene Flächen zu gehen. Anscheinend macht sie es sich instinktiv zum Prinzip, immer so am Waldboden unterwegs zu sein, dass irgendein Blättchen oder ein kleiner Ast die Sicht auf sie versperrt. Lockt man sie mit Samen oder Beeren aus der Deckung heraus, kann es sein, dass sie sich mit der Schnauze unter Grashalme bohrt, damit wenigstens diese beim weiteren Vorwärtsdringen ihr auffälliges Fell bedecken. Dann dauert es einen Sekundenbruchteil, bis sie sich einen Kern oder eine Beere geschnappt hat. Und schon schießt sie wie der Blitz unter den nächsten Vorsprung, wo sie sich sicherer fühlt. Ist die Beute aufgefuttert oder gebunkert, wagt sie sich wieder ins Offene, um sich den nächsten Kern zu schnappen.

SO REIZEND, SO RABIAT

Die hübscheste Wühlmaus? Das ist sicher der skandinavische Berglemming. So schön bunt ist der! In Deutschland hätte die Rötelmaus gute Chancen, bei „Germany's Next Mouse Model" zu gewinnen. Aber die kleine Rote hat auch andere Seiten: In Jahren mit hoher Populationsdichte werden Stress und Aggressivität untereinander größer. Dann, oder wenn die Nahrung knapp wird, kann es zum Infantizid kommen – zur Tötung von Jungtieren. Die Täter sind sowohl Männchen als auch Weibchen, die sich über die Jungen von benachbarten Weibchen hermachen und diese meist auffressen. Übrigens: Wenn sich Rötelmäuse streiten, hört sich das an wie das Klicken eines Geigerzählers, dessen Lautsprecher quietscht.
Und noch was Unschönes: Rötelmäuse können über Kot oder Urin das Hantavirus übertragen. Die Erkrankung verursacht grippeähnliche Symptome, kann zum Teil aber auch die Nieren angreifen. Angeblich ist es möglich, sich bereits beim Joggen im Wald zu infizieren – was ich bezweifle. 2019 waren es ca. 1000 Erkrankte in Deutschland. Das darf kein Grund sein, nicht mehr hinaus in den Wald zu gehen.

RÖTELMAUS ERKENNEN

Ihr kurzer Schwanz ist nur halb so lang wie ihr Körper. Sie ist also eine Wühlmaus. Dabei ist „halb so lang" länger als bei anderen Wühlmausarten. Ansonsten ist die braunrote bis fuchsrote Farbe ihres Rückenfells ihr auffälligstes Merkmal. Die Flanken können gräulich gefärbt sein. Der Bauch ist hellgrau und gut gegen oben abgesetzt. Insgesamt ist die Fellfärbung in Abhängigkeit von geografischer Verbreitung und Jahreszeit allerdings sehr variabel. Jungtiere sind zunächst mehr dunkelgraubraun gefärbt.
Die Ohren sind größer und ragen deutlicher aus dem Fell hervor als bei anderen Wühlmausarten. Der Schwanz ist deutlich zweifarbig (oben dunkler, unten heller). Am Schwanzende bilden verlängerte Härchen einen Haarpinsel, der sich jedoch abnutzen kann. Der Rötelmaus am ähnlichsten ist wohl die Erdmaus, die manchmal ebenfalls eine leicht rötliche Färbung aufweist. Bei der Erdmaus sind die Ohren allerdings kürzer und am Rand lang behaart. Ihr Schwanz ist mit nur einem Drittel der Körperlänge kürzer.

DORT GUCKST DU

Die Rötelmaus ist eine typische Waldmaus (heißt auch „Waldwühlmaus"), die in fast ganz Europa vorkommt. Sie bewohnt vorzugsweise Laub- und Mischwälder, Nadelwald tut's aber auch. Sie kommt außerdem in Parks und Naturgärten vor. Feldhecken stellen in der offenen Landschaft einen Ersatzlebensraum dar. Im Gebirge ist sie auch über der Baumgrenze zu finden. Feuchte Lebensräume sind ihr lieber als trockene. Reine Ackerlandschaften sind nichts für die Rötelmaus. Sie springt und klettert gut und ist deshalb auch in Nistkästen zu finden.
Die Rötelmaus ist tag- und nachtaktiv. Vor allem im Frühjahr ist sie häufiger am Tag zu sehen. Eine Wühlmaus, die tagsüber bei einem Waldspaziergang am Boden beobachtet werden kann, ist fast immer eine Rötelmaus.

GROSSER ABENDSEGLER

Nyctalus noctula, Noctule Bat

GEWICHT: 20–40 g, **SPANNWEITE:** 35–40 cm – nur das Große Mausohr ist größer

Abendsegler beobachten, das ist was für Verliebte. Denn Abendsegler beobachten, das geht so: Man lade seine Geliebte zu einer „Überraschung" ein und führe sie an einen romantischen Ort, von dem man weiß, dass die Art dort vorkommt. In meinem Fall war das eine Waldlichtung, die mir in der NABU-Station Katinger Watt beschrieben wurde.

Andere – vielleicht auch verliebte Fledermaus-Beobachter – müssen schon mal hier gewesen sein. Denn auf der Lichtung steht am vermeintlich richtigen Fleck ein Bänkchen für zwei. Da setzen wir uns hin und warten. Vor uns oben: der noch blaue Himmel. Hinter uns im Westen schweben rote Flöckchenwolken über einem schilfgesäumten See ein. Für den Fall, dass kein Segler segelt und uns nichts Besseres einfällt, ist gut zu wissen, dass man auf dem Wasser hinterm Schilf mit anderen Tieren rechnen kann.

Beim Großen Abendsegler ist eine ganz besondere Beobachtung möglich. Er ist nämlich ein verdrehter Frühaufsteher und man kann ihn noch bei Tageslicht sehen. Er kommt abends bereits aus seinem Versteck, während alle anderen Fledermäuse noch schlafen.

Zu diesen Zeiten sind sogar noch Mauersegler unterwegs. Du kannst also beide, Vögel und Fledermäuse, zusammen am Himmel beobachten. Dieses „Zusammenspiel" ist auch deshalb interessant, weil im Vergleich

mit dem Vogel die erstaunliche Größe des Abendseglers auffällt. Viele Beobachter haben eine konkrete Vorstellung davon, wie groß ein Mauersegler ist, denn er ist auch in Großstädten allgegenwärtig. Seine Flügelspannweite liegt um die 40 Zentimeter. Der Große Abendsegler kommt da ran.
Wenn sich schließlich beim Warten auf der Lichtung der erste Abendsegler zeigt und man freudig flüstern kann: „Da ist einer!", dann ist das nach der Ankündigung, der Vorfreude und dem Warten ein richtig schöner Moment. Und wenn man mit Begeisterung bei der Sache ist, dann wird man auch seine Liebste begeistern können.

SO FLIEGT DER ABENDSEGLER

Der Name „Fledermaus" kommt aus dem Althochdeutschen *„Fledamus"* und bedeutet „Flattermaus". FLATTERN: Genau das macht der Abendsegler nicht. Sein Flug ist geradlinig und schnell – bis über 50 km/h. Die Flughöhe liegt zwischen 10 und 50 Meter. Manchmal geht's aber auch bis auf mehrere Hundert Meter hoch. Bei der Flugsilhouette fallen die langen und vor allem im Spitzenbereich verhältnismäßig schmalen Flügel auf.

ABENDSEGLER ERKENNEN

Mit ein bisschen Erfahrung darf man sagen: Abendsegler (die Gattung) sind unverwechselbar. Aus der Nähe betrachtet fallen die verhältnismäßig kleinen, abgerundet dreieckigen Ohren auf. Der sogenannte Tragus am Grund des Ohrs sieht aus wie ein kleiner Pilz. Die Schnauze ist breit und stumpf. Das Fell des Großen Abendseglers leuchtet auffällig rotbraun (im Winter dunkler). Ähnliche Arten sind Riesenabendsegler (größer; seltene Nachweise in D) und Kleiner Abendsegler (kleiner).

DORT GUCKST DU

Der Große Abendsegler ist eine typische Waldfledermaus. Er bevorzugt alte Buchenwälder und kommt während der Fortpflanzungszeit kaum über 550 Meter vor. Die Art lebt auch in Parks mit Altholz und sucht, falls vorhanden, die Nähe von Gewässern. Für die Aufzucht seiner Jungen bevorzugt der Abendsegler Baumhöhlen, die er teils vom Schwarzspecht übernimmt. Je nach Größe der Höhle kommen 20 bis 60 Weibchen zusammen.

WALDSPITZMAUS

Sorex araneus, Common Shrew

LÄNGE (ohne Schwanz): größer als 6,5 cm (Bestimmungsmerkmal!), meist 6,5–8,5 cm, **SCHWANZ:** 3–4 cm, **GEWICHT:** 6–15 g – halb so schwer wie eine Wasserspitzmaus

Die „gewöhnliche" oder „weitverbreitete" Spitzmaus: So lässt sich ihr englischer Name „Common Shrew" übersetzen. Das heißt aber nicht, dass die Waldspitzmaus einfach zu beobachten wäre. Sie hat's gern kühl und feucht, und so entzieht sich die Waldspitzmaus oft unter dichter Vegetation den Blicken der Beobachter.
Manchmal hört man ihre schrillen Rufe, die in der Stimmlage ziemlich variieren können. Man vermutet, dass sie auf diese Weise Artgenossen Stimmungen mitteilen. Hört man es also vom Waldboden her schrill rufen (für manche Beobachter liegen die Töne allerdings im nicht mehr hörbaren Bereich) und wenn in der Nähe Lücken im Pflanzenteppich sind, lohnt es sich eventuell, zu warten und zu hoffen, dass der Rufer irgendwann ins Freie trippelt.

Noch eine Beobachtergelegenheit: Ihre Vorliebe für feuchte Lebensräume bringt die Waldspitzmaus auch mal in die Nähe von offenem Wasser, in das sie sich dann auch hineinwagt. Wann immer sich kleine Wellenrippel auf einer Wasseroberfläche bilden, lohnt es sich, genauer hinzuschauen. Aber flott! Spitzmäuse legen übers Wasser locker mal 100 Meter in kürzester Zeit zurück.
Hast du erkannt, dass der Schwimmer eine Spitzmaus ist, bleib dran! Es liegt immer nahe, dass eine Spitzmaus im Wasser eine Wasserspitzmaus ist. Aber! Wasserspitzmäuse tauchen, weil sie unter Wasser Beute machen. Waldspitzmäuse bleiben immer an der Oberfläche. Sie wollen lediglich von A nach B. Achte auf weitere Merkmale (siehe „Erkennen").

GESUNDE VITAMINE AN EIGENARTIGER STELLE NASCHEN

Sogenanntes Anallecken ist eine kuriose Spitzmaus-Eigenart, die vor allem bei der Waldspitzmaus beobachtet wird. Um an ihr Hinterteil zu gelangen, rollen sich die Tiere nach vorn zusammen und nehmen dabei eine Position ein, die eine Yoga-Übung sein könnte: Nach vorn gebeugt, packen sie mit den Vorderpfoten die Hinterbeine. Dann stülpen die Tiere einen Teil des Enddarms nach außen, der so für einige Minuten beleckt wird. Biologen nehmen an, dass die Spitzmäuse auf diese Weise noch im Verdauungstrakt verbliebene Spurenelemente und Vitamine aufnehmen.

WALDSPITZMAUS ERKENNEN

Die Waldspitzmaus ist die in Mitteleuropa häufigste Vertreterin der Rotzähnigen Spitzmäuse (Gattung *Sorex*). Diese haben ein sehr kurioses gemeinsames Merkmal: Die Spitzen ihrer Zähne sind rot bis rotbraun gefärbt – als hinge noch Blut der letzten Mahlzeit dran. Weitere, besser zugängliche Kennzeichen von Sorex-Spitzmäusen sind die kleinen, unauffälligen Ohrmuscheln und der kurz behaarte Schwanz, der nicht mit Wimpern versehen ist. Typisch für die Waldspitzmaus ist ihr meist dreifarbiges Fell. Die Oberseite ist braun bis schwarz, die Flanken hellbraun oder zimtfarben und der Bauch hellgrau.

Es gibt in Deutschland nur drei weitere Rotzahn-Spitzmäuse: die Alpenspitzmaus (einheitlich dunkel, körperlanger Schwanz; auf Bergregionen beschränkt); die Zwergspitzmaus (kleiner – Körper ohne Schwanz unter 6,5 cm; zweifarbig); die Schabrackenspitzmaus (anhand von äußeren Merkmalen nicht unterscheidbar). Sumpf- und Wasserspitzmaus weisen ebenfalls rote Zahnspitzen auf, scheiden aber wegen ihrer Größe und einer typischen Schwarz-Weiß-Färbung aus.

DORT GUCKST DU

Die Waldspitzmaus ist die häufigste Spitzmausart Mitteleuropas und auch in Deutschland weit verbreitet. Sie lebt in ganz unterschiedlichen Lebensräumen, hat aber eine Vorliebe für feuchte Biotope. Warme Flächen, wo ihr die Sonne aufs Pelzchen brennen würde, meidet sie meist. Unter dichter Vegetation findet sie ihre Beutetiere, vor allem Regenwürmer, Schnecken und bestimmte Käferarten. Sie bevorzugt Lebensräume mit viel natürlicher Struktur, etwa mit liegendem Totholz und entwurzelten Bäumen. Entlang der Stämme ist sie besser vor den Blicken von Kauz & Co geschützt. Sie ist Tag und Nacht unterwegs.

DACHS

Meles meles, European Badger

LÄNGE (ohne Schwanz): 65–85 cm, **SCHWANZ:** 11–18 cm,
GEWICHT: 7–15 kg – so schwer wie ein Dackel

Das ist die beste Begegnung: Es dämmert, du bist im Wald auf einem Pfad unterwegs und kannst das Gelände vor dir gut überblicken. Der Wind bläst dir entgegen, du schaust hoch und am anderen Ende des Wegs taucht er auf, der Dachs. Augenblicklich frierst du deine Bewegung ein: keine Mücken schlagen, kein Handy zücken, einfach still stehen bleiben. Die Chance ist sehr groß, dass der Dachs dich zunächst nicht bemerkt und erst unmittelbar vor dir anhält. Der beste Moment ist, wenn er seine Schnauze zu dir hochstreckt und du hören kannst, wie er die Luft durch seine Nase saugt, um herauszufinden, was du bist. Dann gibt's ein kurzes Grunzen, eine Kehrtwende und einen Galopp in die Richtung, aus der er gekommen ist. Herrlich!

Wer Muse hat zu warten, wer Sozialleben und andere Details erleben möchte, sollte die Gelegenheit nutzen, Dachse am Bau zu beobachten. Meist kann man hier gleich mehrere der großen Marder zusammen sehen – bei der Körperpflege, beim Spielen oder wenn sie Matratzenmaterial für ihre Schlafkammer ein- oder ausräumen. Zum Teil kann man die Tiere am Bau aus nächster Nähe – 20 Meter – beobachten.

Wichtig: Achte darauf, den Wind im Gesicht zu haben. Sei grundsätzlich leise. Verhalte dich beim ersten Auftauchen der Dachse die ersten Minuten lang komplett still und bewegungslos. In dieser Zeit versucht der Dachs zu prüfen, ob die Luft rein ist. Danach ist er entspannter.

DAS RAUBTIER MIT DEM SÜSSEN ZAHN

Der Dachs ist nach der zoologischen Systematik zwar als „Carnivore" ausgewiesen, das hindert ihn nicht daran, sich auch vegetarisch zu ernähren. Tatsächlich gilt der Dachs unter allen heimischen Raubtieren als derjenige, der am wenigsten auf tierische Nahrung angewiesen ist. Sind die Kirschen reif, die Zwetschgen, der Mais, dann kommt er zum Ernten. Der Dachs kann sich lange ziemlich einseitig ernähren. Er frisst nach dem Motto: Wenn's wo was Nahrhaftes gibt, fresse ich so lange davon, bis alles weg ist. Als Beobachter kann man ihn dabei abpassen, meist allerdings nur nachts. Auf Rotlicht reagiert er in der Regel unempfindlich.

DACHS ERKENNEN

Den Dachs zu erkennen ist nicht das Problem. Sein schwarz-weißer Kopf in Kombination mit seiner Größe machen ihn unverwechselbar. Das Fell zeigt generell ein Pfeffer-und-Salz-Muster, die Flanken können aber auch mal einen strohfarbenen Farbton aufweisen.
Am Bau, wenn kein Tier zu sehen ist, kann das Bestimmen zum Detektivspiel werden. Der Fuchs zieht nämlich manchmal beim Dachs ein, obwohl beide nicht gerade beste Kumpel sind. Dann stellt sich die Frage: Wohnt hier der eine oder der andere? Dafür schau dich am Bau und in dessen Umgebung um. Guck nach dem Klo und der „Rinne".

Dachse legen in der Umgebung des Baus Latrinen an. Das sind kleine gebuddelte Löcher, in die sie wiederholt reinmachen. Man findet allerdings auch einzeln abgesetzten Schiss. Typisch für den Dachsbau ist außerdem eine ausgetretene Rinne, die vor dem Bau angelegt ist. Diese kommt zustande, wenn der Dachs Material transportiert. Mit den Vorderpfoten scharrt er zum Beispiel trockenes Laub oder Gras zusammen und drückt es sich gegen den Bauch. Dann geht es im Rückwärtsgang in den Bau. Der Dachs trägt das Material also nicht, sondern er schleift es. (In der Jägersprache heißt die Dachsbaurinne deshalb auch „Geschleif".)
Wenn der Dachs es für nötig hält, tauscht er das Material aus und räumt es wieder an die Oberfläche. Durch das wiederholte Schleifen vertieft sich der Zugang und es entsteht die Rinne.
Auch anhand ihrer Spuren kannst du Dachs und Fuchs unterscheiden. Dachsspuren sind größer. Manchmal drückt sich auch die Sohle ab. In Kombination mit den langen Krallen erinnert die Spur an einen kleinen Bären.

DORT GUCKST DU

Der Dachs ist weitverbreitet. Als Graber fühlt er sich dort wohl, wo er graben kann und sein Bau trocken bleibt. Deswegen kommen Sümpfe, Moore und generell grundwassernahe Gebiete für ihn nicht infrage. Gern wählt er für seine Residenz Süd- und Südwestlagen. Er ist vor allem in der Dämmerung und nachts aktiv.

BAUMMARDER

Martes foina, Pine Marten

LÄNGE (ohne Schwanz): 40–53 cm, **SCHÄDEL:** 8–8,8 cm,
GEWICHT: 0,8–1,6 kg – kleiner als der Fischotter, größer als Hermelin und Iltis

Wer viel im Wald unterwegs ist, sieht auch mal einen Baummarder. Dabei ist im Vergleich zum Kulturfolger Steinmarder *Martes martes* viel schwieriger zu entdecken, und wenn, dann meist nur flüchtig. Aber es gibt immer auch mal die Begegnung der besonderen Art. Einmal hat mir eine Elster dabei geholfen. Und das ging so:

Ich wohne am Waldrand. Unterhalb vom Haus stehen verwilderte Apfelbäume. Als ich dort vorbeikomme, bemerke ich eine motzende Elster. Zunächst denke ich an einen Habicht, den die Elster vertreiben möchte, entdecke aber keinen. Ich komme deshalb noch ein bisschen näher, und da sehe ich ihn kauern, einen Marder (Foto rechts).

Erster Gedanke: Welche Farbe hat die Kehle? Leider ist das Licht ungünstig, ich muss noch einen Schritt um die Ecke. Jetzt, kein Zweifel: Der Bereich unter dem Kopf ist gelborange, nicht weiß, außerdem dehnt sich der Fleck nur auf die Brust aus, nicht auf die Beine. Somit handelt es sich wohl um einen Baummarder. Vorsicht: Die Kehlfarbe ist kein

100-prozentiges Unterscheidungsmerkmal. Beim jungen Baummarder ist sie in der ersten Zeit noch weiß und kann auch später noch sehr hell sein. Jetzt sieht er mich und klettert aus meinem Sichtfeld.
Ich versuche abzuwägen, auf welcher Route er entkommen könnte, und umrunde den Baum. Weiter tut sich nichts. Er muss da irgendwo noch sein. Und tatsächlich: statt sich in den nahen Wald abzusetzen, hat er es sich auf einem waagerechten Ast bequem gemacht – liegend auf dem Bauch. Ein Bein lässt er entspannt nach unten baumeln. Rosa Zehenballen und weiße Krallen blitzen im Mittagslicht auf. Wenn er so relaxt ist, dann riskiere ich, ihn allein zu lassen und die Kamera zu holen. Der Plan geht auf, ich komme zurück und der Marder liegt immer noch am gleichen Platz. Jetzt ist Gelegenheit, weitere Details festzuhalten.

BAUMMARDER ERKENNEN

Das Körperfell ist hinter den Apfelblättern ziemlich verborgen, aber man sieht doch, dass es wunderschön dunkelbraun ist. Der Steinmarder ist eher graubraun. Die Nase ist schwarzbraun – beim Steini hellbraun bis fleischfarben. Die Ohren sind groß – größer als beim Steini. Ein Merkmal interessiert mich noch ganz besonders: Zoologen haben Marderschädel vermessen und festgestellt, dass der Schädel des Baummarders länger, schmaler und flacher ist – oder kurz gesagt spitzer. Aber kann man das am lebenden Tier ebenfalls sehen? Sollte man schon, doch obwohl mein kleiner Freund schön posiert und er mir seinen Kopf von vorn und von der Seite präsentiert, fällt es mir sehr schwer, das spitze Gesicht zu bestätigen.
Zurück am Schreibtisch vergleiche ich Fotos der beiden Arten. Meine Einschätzung: Die großen Ohren des Baummarders verursachen eine optische Täuschung. Weil die Ohren so lang sind, fällt die Länge der Schnauze nicht mehr so auf.
Der Iltis ist kleiner und weist eine hell-dunkle Gesichtsmaske auf. Ungeübte haben schon dunkle Eichhörnchen mit Baummardern verwechselt. Die sind allerdings viel kleiner und haben statt des orangen Kehlflecks eine komplett weiße Unterseite. Im Sitzen stellen Eichhörnchen den Schwanz s-förmig hinterm Rücken auf. Im Herbst und Winter sitzen auf den Ohren Haarpinsel. Die Unterschiede zum sehr ähnlichen Steinmarder sind eingangs beschrieben.

DORT GUCKST DU

Der Name BAUM-Marder trifft es ganz gut. Der Baummarder lebt im Wald. So ziemlich jeder Waldtyp ist ihm recht: Laubwald, Nadelwald, Mischwald. Und auch in Parks und Gärten mit Baumbestand trifft man ihn an. Warum man in Großbritannien vom „Pine Marten" – also „Kiefer-Marder" spricht, hängt vermutlich damit zusammen, dass die Art in England sehr selten und eher von Schottland her bekannt ist, wo die Waldkiefer teilweise eine vorherrschende Baumart ist. Angepasst an seinen Lebensraum klettert der Baummarder gern und findet Unterschlupf in Nestern und Baumhöhlen.
Baummarder sind dämmerungs- und nachtaktiv. Wo sie sich ungestört fühlen, sind sie auch tagsüber zu beobachten, vermutlich häufiger als der Steinmarder.

WILDKATZE

Felis silvestris, Wildcat

LÄNGE (ohne Schwanz): 45–70 cm, **SCHWANZ:** 25–35 cm,
GEWICHT: 2,5–6 kg – 1/5 des Gewichts des Luchses, aber Schwanz länger

Der entscheidende Tipp kam von Kollege Stewart: „Sie kommen erst ab 22 Uhr auf die Felder raus." Ich habe diesen Ratschlag beherzigt und war dann an der Mosel gleich in der ersten Nacht erfolgreich. Mit Wärmebildkamera, Nachtsichtgerät und Gegenwind kamen wir bis auf 30 Meter an meine erste Wildkatze heran.
Eine andere beliebte Methode, um Wildkatzen nachzuweisen, ist mit Lockstoff und Wildkamera. Natürlich brauchst du erst mal eine Ahnung, ob Wildkatzen in deiner Region überhaupt vorkommen. Eine aktuelle (2020) Karte findest du im Netz beim BUND. Dann bringst du deinen Lockstoff aus und platzierst daneben die automatisch auslösende Wildkamera, wo sie niemanden stört und niemand sieht!
Zum Anlocken steckst du einen kurzen Stock in die Erde, dessen oberes Ende du mit Baldrianessenz benetzt (gibt's in der Apotheke). Sehr gut ist auch Fisch aus der Dose, von dem man ein Stückchen auf einem Baumstamm platziert. Mit dem Öl vergrößert man die duftende Fläche noch. Wenn auf diese Weise schließlich Bilder gelingen, ist das eine große Freude und eventuell eine Bereicherung für den Artenschutz. Nachweise von seltenen Arten wie der Wildkatze sollte man immer an Spezialisten weiterleiten.

IST DIE WILDKATZE SCHEU?

„Ja" und „nein". „Ja", weil sie überwiegend nachtaktiv ist. Und weil es passieren kann, dass sie sich zurück in den Wald verdrückt, sobald man mit dem Auto anhält und die Katze bemerkt, dass die Aufmerksamkeit ihr gilt. „Nein", weil sie Kulturfolger ist und eben bewirtschaftete Wiesen aufsucht. Und sie kommt bis unmittelbar an die Ortsränder. In der Nähe von viel befahrenen Straßen zu jagen, ist auch kein Problem für sie – Kollisionen mit Autos aber schon!

WILDKATZEN ERKENNEN

Wildkatzenexpertin Sabrina Streif schrieb mir, der Schwanz sei eines der besten Merkmale, um Wild- und Hauskatzen zu unterscheiden. Er ist bei der Wildkatze gleichmäßig dick-buschig behaart und weist ein dickes, stumpfes, schwarzes Ende auf. Davor liegen ein bis drei – manchmal fünf – dunkle Ringe, die zum Körper hin blasser werden (Foto rechts oben). Der Schwanz der Hauskatze ist dünner und läuft in einer Spitze aus.

Generell wirkt die Wildkatze massiger und kraftvoller. Ihr Fell ist grau, manchmal mit einer gelblichen Tönung. Die Haare sind länger als bei der Hauskatze. Auf den Flanken zeichnen sich meist nur leicht verwaschene Streifen ab, keine Flecken. Wildfarbene Hauskatzen wirken schlanker. Ihr Fell ist generell kontrastreicher.
Bei beiden Katzentypen können folgende Kennzeichen vorkommen: heller Nasenspiegel, helle Krallen und eine schwarze Fleckung der hinteren Sohlen. Die Spuren der Wildkatze ähneln denen der Hauskatze. Mit den Maßen 3,5 bis 4,5 Zentimeter mal 3 bis 4 Zentimeter sind sie aber jeweils etwa einen Zentimeter länger und breiter.

DORT GUCKST DU

Wildkatzen werden mittlerweile wieder aus etlichen Regionen Deutschlands gemeldet. Laut naturgucker.de gelingen die meisten Beobachtungen im Südwesten, bis etwa auf die Höhe von Gießen. Regionen, auf die ich bei der Recherche immer wieder gestoßen bin, waren die Eifel, entlang der Mosel und die Kaiserstuhlregion. Wildkatzen bevorzugen naturnahe Wälder, kommen aber wie beschrieben auch auf umliegende Felder, um dort zu jagen. Sie meiden Gebiete mit intensiver landwirtschaftlicher Nutzung.
Es erfordert großes Glück, sie bei Tageslicht abzupassen. Den meisten Beobachtern gelingt dies in den Picos de Europa in Nordspanien. Als echte Waldkatzen treten sie meist nie weiter als 200 Meter vor den Waldrand. Sie kommen in der Dämmerung, um auf den angrenzenden Wiesen Wühlmäuse zu fangen. Da sie nicht besonders hoch gebaut sind, ist von Vorteil, wenn die Wiese gerade frisch gemäht wurde, zum Beispiel im Juni oder Juli. Die Wildkatze kommt nicht in großer Dichte vor. Es bietet sich an, die Wiesen langsam im Auto abzufahren und das Fahrzeug als mobiles Versteck zu nutzen.

LUCHS

Lynx lynx, Lynx

LÄNGE (ohne Schwanz): 0,8–1,3 m, **SCHWANZ:** 15–24 cm,
GEWICHT: 15–30 kg – fünfmal so schwer wie eine Wildkatze; halb so schwer wie ein Wolf

Ich geb's zu, zu sagen „Den Luchs, den siehst du!", ist ziemlich dick aufgetragen. Von allen in diesem Buch vorgestellten Arten ist der Luchs der dickste Brocken, was eine erfolgreiche Beobachtung anbelangt. Das liegt teils an der heimlichen Lebensweise und teils an der geringen Verbreitungsdichte (1,8 Luchse pro 100 km² im Bayerischen Wald). Man kann hierzulande trotzdem Luchse erleben, und zwar so:

Es ist ein wunderschönes Naturerlebnis, im Februar und März während der Paarungszeit den Lebensraum des Luchses auf Wanderwegen zu durchstreifen und nach Spuren zu suchen, die den Weg kreuzen. Zu diesen Zeiten liegt in den Mittelgebirgen meist noch Schnee. Es kann sich also anbieten, die Schneeschuhe einzupacken.

Die Spuren, die die großen Pranken hinterlassen, sind sehr charakteristisch. Die vorderen Tatzenabdrücke messen in der Breite 5 bis 7 Zentimeter, die hinteren 4 bis 6. Damit sind die Trittspuren etwa drei Mal so groß wie die der Hauskatze. Die Schrittlänge liegt zwischen 40 und 100 Zentimetern und kann, wenn der Luchs sprintet, bis zu 150 Zentimeter betragen. Die Zehen liegen nicht wie bei Fuchs, Hund oder Wolf als Zehenpaare auf zwei Linien, sondern ordnen sich gleichmäßig kreisförmig auf einem Radius um den Handballen. Die Krallen sind zurückgezogen und drücken sich auf Schnee oder Erde nicht ab. Spannend ist immer, wenn die Spuren von zwei oder mehreren Tieren zusammenkommen. Dann wird der Beobachter zum Spurendetektiv und fragt sich: Was hat sich hier abgespielt?

Wer großes Glück hat, stößt auch mal auf einen Riss, also ein getötetes Beutetier. In Mitteleuropa stehen Reh und Gämse oben auf dem Speisezettel. Der Luchs tötet seine Opfer mit einem gezielten Würgebiss in die Kehle. Am Beutetier ist von außen oft nicht mehr zu sehen als die vier Einstiche der Eckzähne. Bei drei von vier Rissen beginnt der Luchs an einer Hinterkeule zu fressen. Zu den Rissen großer Beutetiere kehrt der Luchs mehrere Nächte zurück. Nach dem Fressen scharrt er seine Beute zu. Er frisst Muskelfleisch und innere Organe. Übrig bleiben meist der Kopf, die groben Knochen, Beine, Haut, Magen und Darm. Der Luchs trennt keine Körperteile ab und trägt diese fort. Dafür ist der Fuchs bekannt.

DIE LUCHSIN MIAUT CHINESISCH

Eine Chance besteht auch, die Rufe von Luchsen mitzubekommen, vor allem in der Paarungszeit am Ende des Winters. Sonst sind die Tiere eher schweigsam. Angeblich sind es die Weibchen, die rau und laut rufen: „Mao! Mao!" (Übrigens: „Mao" ist chinesisch und bedeutet „Katze".) Der Luchs ist überwiegend dämmerungs- und nachtaktiv. Während der Fortpflanzungszeit ist er generell mehr unterwegs. Zu Beginn der Nacht und am Ende zeigt er ein Aktivitätsmaximum. Das erste liegt zwischen 18 und 22 Uhr und ist am stärksten ausgeprägt. Zu diesen Zeiten selbst unterwegs zu sein, erhöht die Chance, die Tiere rufen zu hören und Spuren zu finden Zu solchen Zeiten im Winter zu wandern, ist allerdings anspruchsvoll. (Mindestens zu zweit sein. Taschenlampen nicht vergessen!) Das „Mao! Mao!" schließlich zu hören, ist eine prickelnde Naturerfahrung, die du so schnell nicht vergessen wirst.

LUCHS ERKENNEN

Der verhältnismäßig kurze Rumpf, die langen Beine und das Fleckenmuster auf dem Fell machen ihn unverwechselbar. Typisch sind auch Pinselohren, Backenbart und kurzer Schwanz.

DORT GUCKST DU

Die bedeutendsten Luchsvorkommen Deutschlands befinden sich in Nordostbayern, etwa im Nationalpark Bayerischer Wald und nördlich davon, sowie im Harz. Als drittes Luchsgebiet könnte sich der Pfälzerwald entwickeln, wo zuletzt Luchse angesiedelt wurden. Im Schwarzwald, im Thüringer Wald, an der Oberen Donau und weiteren Regionen gibt es immer wieder Hinweise auf Einzeltiere. Der Luchs gilt zwar als typisches Waldtier, er sucht aber durchaus auch offenes Gelände auf – Lichtungen, mit Felsen durchsetzte Hänge oder Bereiche oberhalb der Baumgrenze. Im Offenen erhöht sich naturgemäß die Chance, Tiere zu sehen. Ansitzen auf der gegenüberliegenden Seite eines Tals kann sich auszahlen.

Der Luchs hat gern seine Ruhe. Es gab allerdings auch schon Einzeltiere, die ihre Reviere dauerhaft in unmittelbarer Nähe von Siedlungen und Menschen etablierten. Es gilt dennoch die Regel, dass sich Luchse in Bereiche zurückziehen, wo sie ungestört sind. Speziell zum Ruhen bevorzugen sie steiles, unwegsames Gelände. Das sollte man respektieren.

AN BACH, FLUSS UND SEE

BIBER

Castor fiber, Beaver

LÄNGE (ohne Schwanz): 80–100 cm, **SCHWANZ:** 29–35 cm,
GEWICHT: 25–36 kg – so schwer wie ein zwölfjähriges Kind

BIBER ERKENNEN
Dummerweise hat man in Europa auch den Kanadischen Biber ausgewildert, der noch etwas größer ist, sich ansonsten aber rein äußerlich nicht unterscheiden lässt. In Mitteleuropa geht man mittlerweile davon aus, dass es keine Kanadischen Biber mehr gibt. Am ehesten verwechselt man ihn mit der Nutria („Sumpfbiber“ – siehe rechts). Diese Art hat jedoch einen runden Schwanz, längere Ohren und helle Vibrissen (Schnurrhaare).

DORT GUCKST DU
In meiner Kindheit waren sie ausgerottet. Mittlerweile sind sie in vielen Regionen Deutschlands entlang von Bächen und Flüssen wieder angesiedelt. Sie breiten sich selbst weiter aus und besiedeln sogar Gewässer innerhalb von Städten.

Das Beste am Biber ist der Schwanz. Das fand schon 1754 der Jesuitenpater Charlevoix. Er schrieb: „Bezüglich des Schwanzes ist er ganz Fisch … und die Theologische Fakultät (hat) entschieden, dass das Fleisch während der Fastenzeit gegessen werden darf.“
Für Tierbeobachter ist der Schwanz mit seiner ledrig-haarlosen Oberfläche und dem Schuppenmuster sicher ebenfalls ein Hingucker. Die Krux ist, dass man diesen so ziemlich kuriosesten Schwanz aller Tierschwänze nur selten zu sehen bekommt. Ein Biber, der sich an Land aufhält, ist oft in der Vegetation verborgen. Entsprechend darf man sich als Biber-Beobachter glücklich schätzen, wenn die Sichtung schließlich gelingt. Absolut sehenswert sind auch die Nagespuren, die der Biber an Bäumen hinterlässt. Man glaubt nicht, dass vier Schneidezähne eine Motorsäge ersetzen können. Einen ein Meter dicken Baum legt der Biber locker um.

NUTRIA

Myocaster coypus, Coypu

LÄNGE (ohne Schwanz): 40–60 cm, **SCHWANZ:** 30–45 cm,
GEWICHT: 6–10 kg – zweitgrößtes Nagetier nach dem Biber, größer als der Bisam

Mit der weitverbreiteten Nutria ist es wie mit dem Biber: Man will unbedingt den Schwanz sehen, um sicher bestimmen zu können. Als Beobachteranfänger ist man sich nicht sicher, zu welcher Art der halbe Kopf gehört, der da aus dem Wasser ragt. Mit ein bisschen mehr Erfahrung wird man dann aber doch schnell darauf kommen, dass ein Nutria-Gesicht tatsächlich unverwechselbar ist: Schnauzenspitze und Vibrissen leuchten unverkennbar weiß. Wenn man das Glück hat, von vorn in das Gesicht einer Nutria zu blicken, wird man oft die riesigen grellorangen Nagezähne zu sehen bekommen. Zum einen ist es nett,

wenn sich die Nutria dann mit zwei Händen einen grünen Stängel schnappt, den sie wie in einem Schredder hinter ihren Beißerchen verschwinden lässt. Zum anderen blinkt das Orange der Zähne wie eine Warnleuchte auf und man denkt: Wenn die zwicken, gibt's sicher ein Loch. Stimmt! Unter anderem deswegen hat die Stadt Bonn auch ein Fütterungsverbot erlassen.

NUTRIA ERKENNEN

Beim schwimmenden Coypu – wie die Nutria auch genannt wird – sowie beim kleineren Bisam guckt nicht nur der Kopf aus dem Wasser, sondern auch der Rücken. Der schwimmende Biber zeigt nur Kopf und Nacken (siehe Foto links). Liegt er allerdings ruhig im Wasser, taucht der Rücken ebenfalls auf.

DORT GUCKST DU

Die ursprüngliche Heimat ist das subtropische und gemäßigte Südamerika. In Deutschland hat die Nutria mittlerweile Bäche, Flüsse und Seen in allen Bundesländern besiedelt.

BISAM

Ondatra zibethicus, Muskrat

LÄNGE (ohne Schwanz): 26–40 cm, **SCHWANZ:** 19–29 cm,
GEWICHT: 0,8–1,6 kg – bis zu drei Mal so schwer wie eine Wanderratte

Bei meinem ersten Bisam traute ich meinen Augen kaum. Mitten im Winter, bei Minustemperaturen, hockte er auf dem Eis des Goldersbachs im Naturpark Schönbuch. Für einen Bisam ist das ganz normal. Seine Futterpflanzen, beziehungsweise deren Wurzeln, gibt es auch in der kalten Jahreszeit. Um da dranzukommen, taucht der Bisam teils unters Eis.
Wenn er sich an Land befindet, können die Seiten des Bisam sehr auffällig kastanienbraun leuchten. Auffällig sind auch die Fraßspuren, die er hinterlässt: Neben verschiedenen Wasserpflanzenarten, wie Schilf, Rohrkolben oder Teichrosen, frisst er nämlich auch Muscheln. Bei Kajakfahrten auf dem Rhein durch Basel kam ich immer wieder an Löchern im Ufer vorbei, die der Bisam als Muschelknackplatz aufsuchte. Mit der Zeit können sich an solchen Stellen ganz schöne Mengen Schalen ansammeln.

BISAM ERKENNEN

Neben der auffälligen Fellfarbe ist beim Bisam auch der Schwanz artspezifisch. Auf den ersten Blick erscheint er rattenartig lang und rund. Wer genau hinschaut, dem fällt auf, dass er seitlich abgeflacht ist. Dadurch sind oben und unten Kanten ausgebildet. Der Schwanz eignet sich zum Antreiben und Steuern. Die Nutria ist größer, Wanderratte und Schermaus sind kleiner.

DORT GUCKST DU

Der Bisam ist ein Neozon aus Nordamerika. Die ersten Tiere wurden 1905 bei Prag ausgesetzt. Mittlerweile ist er in fast ganz Mitteleuropa verbreitet. Er fühlt sich in stehenden und ruhig fließenden Gewässern wohl.

OSTSCHERMAUS

Arvicola amphibius, Water Vole

LÄNGE (ohne Schwanz): 12–20 cm, **SCHWANZ:** 6–14 cm,
GEWICHT: 50–200 g – halb so groß wie der Bisam und bis zu fünfmal so schwer wie eine Feldmaus

Es gibt eine Situation, bei der man eine Schermaus grandios erleben kann. Aus Sicht eines Gärtners ist diese Situation allerdings zum Heulen. Als Tierbeobachter kann man nicht anders, als einfach nur breit zu grinsen: Stell dir vor, du stehst an einem Beet und plötzlich wackelt eine der Pflanzen. Dabei bleibt es nicht. Wieder wackelt's und gleichzeitig wird die Pflanze ein bisschen kürzer. Das geht eine Weile so, und ziemlich schnell wird klar: Die Pflanze verschwindet in dem Loch, in dem sie steckt. Verursacher ist die Schermaus, die sich von unten an die Pflanze herangebuddelt hat und nun ihr Futter in den Gang zieht.

SCHERMAUS ERKENNEN

Nach dem Bisam ist sie die zweitgrößte Wühlmaus. Der Schwanz macht 50 Prozent der Körperlänge aus. Die Augen sind recht klein. Die Ohren verschwinden fast im Fell. Die Füße sind kräftig, dunkel mit hellen Nägeln. Die Fellfarbe ist variabel. Das „Schermaus-Thema" ist unter Biologen noch nicht zu Ende diskutiert. Teils wird die Art innerhalb Europas in zwei Spezies aufgeteilt.

DORT GUCKST DU

Manche Schermäuse leben weitab von Wasser, andere sind sehr wassergebunden. Die Landgebundenen leben maulwurfartig unterirdisch und man kriegt sie deshalb praktisch nie zu sehen. Die, die am Wasser leben, werden auch als „Wasserratten" bezeichnet. Beim Fressen an der Oberfläche und beim Schwimmen sind sie prima zu beobachten.

WASSERFLEDERMAUS

Myotis daubentonii, Daubenton's Bat

LÄNGE: 4,8–5,6 cm, **SPANNWEITE:** 24–27 cm,
GEWICHT: 6–10 g, kleine Art mit kurzen Ohren – im Vergleich mit anderen Myotis-Arten

Mit Superlativen versuchen Referenten auf Fledermaus-Exkursionen gern ihr Publikum zu packen: Die kleinste Art – Hummelfledermaus, 2 Gramm schwer. Oder der schnellste Flieger unter den Flattertieren – Brasilianische Bulldog-Fledermaus, 160 km/h. Aber die „Aaahs" und „Ooohs" sind der Referentin vor allem dann sicher, wenn sie draußen an einem See ihre Taschenlampe anschaltet und eine live-haftige Wasserfledermaus in den Lichtkegel der Lampe fliegt.
Schnell und wendig jagt die Art dicht übers Wasser und sammelt zappelnde Insekten von der Oberfläche auf.
Und das macht sie so: Sie fliegt sie an, und kurz vor der Berührung richtet sie sich in der Luft fast senkrecht auf. Mit dem Schwanz keschern und mit den Füßen zupacken ist eine Bewegung. Beobachter sehen meist nur den Ring im Wasser, der durch das kurze Eintauchen entsteht. Das reicht manchen aber schon, um der Faszination der Fledermaus-Beobachtung zu erliegen.

WASSERFLEDERMAUS-ABC

Die Wasserfledermaus ist eine anpassungsfähige Art. Ihre Ansprüche an den Lebensraum lassen sich nicht nur auf Wasser einengen. Wochenstuben finden sich in Baumhöhlen und Fledermauskästen – allerdings nicht in den flachen! Den Winter verbringen die Tiere in Höhlen, Stollen und Kellern. Die Art gilt als ungefährdet. Sie hat in weiten Teilen des mitteleuropäischen Verbreitungsgebiets seit den 1950er-Jahren sogar zugenommen. Hauptgrund dürfte die Nährstoffanreicherung in vielen Gewässern sein. Die negativen Auswirkungen dieses Phänomens für die Umwelt wurden oft aufgezeigt. Aber es gibt auch Gewinner: Zuckmücken und eben Wasserfledermäuse, die die Mücken fressen, zählen offenbar dazu.

WASSERFLEDERMAUS ERKENNEN

Die Wasserfledermaus ist am besten anhand des typischen Jagdverhaltens knapp über Wasser, meist in einer Höhe von 5 bis 40

Zentimetern, zu bestimmen. Das Rückenfell ist unscheinbar braun. Dagegen setzt sich die helle Unterseite, die beim Kurvenfliegen immer wieder hervorblitzt, deutlich ab. Beim Betrachten aus nächster Nähe fallen die sehr großen Füße auf, mit der die Art Insekten einsammelt.
Es gibt viele ähnliche Arten: die Teichfledermaus – größer, kommt nicht in der Südhälfte Deutschlands vor; Fransenfledermaus – hat längere Ohren; Wimperfledermaus – rötliches Fell; Bart- und Brandtfledermaus – kleinere Füße. Viele Arten kommen auch ans Wasser, aber keine andere heimische Art fliegt dauerhaft so tief über der Wasseroberfläche wie die Wasserfledermaus.

DORT GUCKST DU
Da die Beute auf der Wasseroberfläche von Bächen und Seen akustisch geortet wird, ist es für die Wasserfledermaus von Vorteil, wenn Blätter, Wasserpflanzen oder Wellen „die Sicht" nicht beeinträchtigen. Sieht man als Beobachter, dass das Wasser Wellen schlägt, geht man lieber noch ein Stückchen weiter und leuchtet mit der Lampe an einer ruhigen Stelle. Wasserfledermäuse jagen auch gern unter Natursteinbrücken.
Hat man einen Bat-Detektor zur Hand, hört man erst mal, ob dieser anspricht. Meldet er sich, knipst man die Taschenlampe mit Weißlicht an und versucht die Fledermaus in den Lichtkegel zu bekommen. Fliegt sie aus dem Schein der Lampe hinaus, knipst man das Licht wieder aus. Kreisen die Fledermäuse in Ufernähe, dort, wo man selbst steht, ist Rotlicht günstiger, um die Tiere nicht zu verscheuchen.
In einigen Winterquartieren im Norden gibt es enorme Ansammlungen. Laut „Handbuch der Fledermäuse" überwintern bis zu 20.000 Wasserfledermäuse in den ehemaligen Bunkeranlagen von Nietoperek in Polen (1 Stunde von Frankfurt/Oder) und jeweils bis zu 5000 Tiere in der Spandauer Zitadelle in Berlin, den Kalkhöhlen von Bad Segeberg und den Kalkgruben im dänischen Jütland.
Ab April kommen die Tiere aus dem Winterschlaf und sind dann an Gewässern auf Nahrungssuche. Die Jagd beginnt 10 bis 30 Minuten nach Sonnenuntergang. Das Schwärmen vor den oben genannten Winterquartieren beginnt in Mittel- und Nordeuropa bereits im August. Ende September verschwinden Wasserfledermäuse dann endgültig in ihren Winterlagern.

WASSERSPITZMAUS

Neomys fodiens, Eurasian Water Shrew

LÄNGE (ohne Schwanz): 7–9,5 cm, **SCHWANZ:** 5–7 cm,
GEWICHT: 10–20 g – größte Spitzmaus Europas

Mein tollstes Wasserspitzmaus-Erlebnis hatte ich mal in den Sommerferien im französischen Argelès-Gazost: Wir sind auf dem Heimweg vom Essen in der Altstadt zum Campingplatz, da sehe ich im Stadtbach dieses dunkle Etwas paddeln.

Mein erster Gedanke: Da ist er endlich, der Pyrenäen-Desman! Aber dieses vielleicht außergewöhnlichste Säugetier Europas ist es dann doch nicht. Auf den zweiten Blick ist klar, dass das Tier hier eine Spitzmaus sein muss. Im Schein der Taschenlampe fallen außerdem der weiße Bauch und die weißen Schwanzborsten auf, und es ist klar: eine *Neomys*.

Typisch Wasserspitzmaus: Sie schwimmt und rennt mit Vollgas durch die Gegend, bleibt dabei aber lange in einem überschaubaren Gebiet. Solange wir stillstehen, reagiert sie kaum auf uns. Und wenn sie wieder einen Engerling aus den Mauerfugen hervorgezogen hat und frisst, kann man sogar, auf dem Bauch liegend, bis auf wenige Zentimeter an sie heranrobben. Beim nächsten Beutezug wird's noch spannender.

Sie ist in einen Trog geklettert, der am Ende einen Ausfluss mit starker Strömung hat. „Und wenn sie da reingezogen wird?" denk ich noch ... und – schwups! – schon ist es passiert. Ich hätte gedacht, dann ist sie weg, wird meterweit abgetrieben. Doch nur Sekunden später sitzt sie schon wieder auf dem Trogrand. Besser kann man sein Element wahrscheinlich nicht beherrschen. So eine Superspitzmaus!

BEOBACHTER-HIGHLIGHT

Sie beim Jagen zu beobachten, ist ein außergewöhnliches Naturerlebnis. Wenn sie schwimmt, bekommt man den Eindruck, sie sei unsinkbar: Der Körper taucht wenig ein; die kurzen Beine wirbeln propellerartig nahe der Wasseroberfläche.

Um ihre Beute zu erwischen, taucht sie auch zum Grund von Gewässern. Luftblasen, die im Fell hängen, zieht sie mit in die Tiefe. Da sie auch unter Wasser sehr zappelig ist, lösen sich einzelne Luftblasen, die dann nach oben blubbern. In klarem Wasser ist dies deutlich zu sehen und die Luftblasen helfen, den Unterwasserjäger während des Tauchgangs zu orten. Verläuft eine Jagd erfolgreich, schafft die Wasserspitzmaus ihre Beute – eine Wasserschnecke, eine Köcherfliegenlarve und manchmal auch einen kleinen Fisch – zu einem Futterplatz, zu dem sie gern wiederkehrt.

WASSERSPITZMAUS ERKENNEN

Von den neun einheimischen Spitzmausarten ist die Wasserspitzmaus die größte und sie ist am besten an ein Leben im Wasser angepasst. In ihrem Element unterwegs, sieht sie aus wie eine schwimmende, halb eingetauchte Milchschnitte in Mäuseform: oben dunkelschokoladenbraun, unten sahneweiß. Die Hell-Dunkel-Grenze ist sehr deutlich. Wie bei allen Spitzmäusen ist die Schnauze lang und spitz. Bei der Wasserspitzmaus sieht es allerdings so aus, als hätte sie eins auf die Nase gekriegt: Ihre Schnauze ist deutlich breiter als bei anderen Arten.

Die Ohrmuscheln verstecken sich wie bei den Sorex-Arten im Fell. Die Augen sind hingegen deutlicher zu sehen. Ein heller Fleck hinterm Auge – nicht immer da – verstärkt diesen Eindruck noch. Die Wasserspitzmaus verwendet Schwimmhilfen, die am Körper angewachsen sind: ein silbrig weißer Borstenkiel an der Schwanzunterseite und Schwimmborsten an den Hinterfüßen, die wie Flossen verwendet werden.

Ähnliche Arten: Sumpfspitzmaus (sehr ähnlich, kleiner, seltener, Borstensäume an Schwanz und Füßen kaum ausgeprägt oder fehlend); Feldspitzmaus (auch mit Hell-Dunkel-Färbung, aber in anderem Lebensraum unterwegs, mit Schwanzwimpern statt Borstenkiel); Alpenspitzmaus (hat keine weiße Unterseite).

DORT GUCKST DU

Sie planscht in sauberen Bächen, Flüssen und Seen mit Versteckmöglichkeiten an den Ufern. In Deutschland soll sie weitverbreitet sein (hoffentlich noch!), ist aber wohl nirgends häufig. Zu bedenken gibt ein Hinweis des Nationalparks Eifel: „Das einzige aktuell bekannte Vorkommen in Nordrhein-Westfalen liegt im Nationalpark Eifel." Wer eine Wasserspitzmaus abpassen möchte, hat dazu sommers wie winters, am Tag wie in der Nacht, Gelegenheit.

WASCHBÄR

Procyon lotor, Racoon

LÄNGE (ohne Schwanz): 45–70 cm, **SCHWANZ:** 20–36 cm,
GEWICHT: 8–10 kg – doppelt so schwer wie eine Wildkatze

Bei der ersten Begegnung bin ich ordentlich zusammengezuckt. Ich durfte gleich mal erleben, wie selbstbewusst der Waschbär ist. In der Dämmerung saß einer auf einer Mülltonne. Was er da wollte, war klar, und ich hatte nichts dagegen. Ein Foto wollte ich aber schon machen – mit Sicherheitsabstand (5 Meter). Aber so im Fokus zu stehen, das hat ihm gar nicht gefallen. Hat der mich angefaucht, Mannomann!

Ich durfte ihm dann aber doch noch ein bisschen bei der Arbeit zugucken. Es heißt, der wichtigste Sinn des Waschbären sei der Tastsinn, was ungewöhnlich für ein Raubtier ist. Tatsächlich hantiert der Waschbär mit seinen jeweils fünf freistehenden Fingern sehr geschickt, und das, obwohl sich der innerste Finger – dort wo bei Primaten der Daumen sitzt – den anderen Fingern nicht gegenüberstellen lässt. Die „hypersensiblen" Vorderpfoten sind zu ihrem Schutz von einer dünnen Hornschicht umgeben, die allerdings wie bei uns Menschen bei langem Gebrauch im Wasser aufweichen kann.
Unbedingt gesehen haben muss man mal wie ein Waschbär eine Melone frisst. Dabei stellt er sich auf den Hinterbeinen an den Rand der geöffneten Kugel und lässt die Vorderarme rotieren wie das Schaufelrad eines Tagebaubaggers. Hat er auf diese Weise genug Fruchtfleisch aufbereitet, lädt er sich die geraspelten Stücke auf die Hände und schließlich in sein Mäulchen.
Im Übrigen ist der kleine Bär mit dem Panzerknacker-Face in der Lage, sich beide Arme zu beladen und sich auf den Hinterbeinen aus dem Staub zu machen.

DEN WASCHBÄR ERKENNEN

Der aus Nordamerika eingeschleppte Waschbär hat etwa Fuchsgröße. Der Körperbau ist allerdings sehr gedrungen und der Rücken zu einem Buckel gekrümmt. Die Grundfarbe des Fells ist meist grau meliert. Der Schwanz ist zylindrisch und hat vier bis sechs schwarze Ringe. Die Gesichtsmaske ähnelt der des Marderhunds, ist aber durch ein weißes Band über den Augen noch stärker akzentuiert. Der schwarze Augenstreif liegt beim Waschbären quer, beim Dachs längs.

DORT GUCKST DU

Gewässerreiche Wälder mit hohem Eichenanteil sind der bevorzugte Lebensraum des Waschbären. Bei Gefahr flüchtet er auf einen Baum. Er meidet deshalb offenes Gelände. Die „Waschbären-Hauptstadt" Deutschlands ist Kassel. Schau im Bergpark!

MARDERHUND

Nyctereutes procyonoides, Racoon Dog

LÄNGE (ohne Schwanz): 50–75 cm, **SCHWANZ:** kleiner 25 cm, **GEWICHT:** 4–10 kg – im Schnitt leichter als ein Waschbär

Am Namen merkt man's schon: Die ersten Namensgeber haben sich schwergetan, den „Marderhund" zoologisch einzuordnen. Auf Englisch heißt er „Racoon Dog" – Waschbärhund. In beiden Sprachen liegt die Betonung auf dem zweiten Wortbestandteil, dem „Hund". Tatsächlich gehört die Art zu den Hundeartigen und ist am nächsten mit den Füchsen verwandt. Rein äußerlich hat der Marderhund aber auch Ähnlichkeit mit dem Waschbären (Familie Kleinbären) und eher entfernt mit dem Dachs (Familie Marder). Der Marderhund bietet Gelegenheit, sich über die Wärmebildkamera so richtig zu freuen. In der Oberlausitz hatte ich Ende Oktober Gelegenheit, zwei Marderhunde an einem Wechsel wiederholt abzupassen. Der Tierpfad lag in einem Schilfstreifen, der parallel zu einem Graben verlief. Mein Marderhundpaar zog jeweils abends im Dunkeln aus. Das Schilf stand so dicht, wie Schilf eben steht. Mit der Taschenlampe hätte es da keine Chance gegeben, tiefer hinter die vorderste Front von Halmen zu blicken – mit dem Wärmebildgerät schon! Trotz des Schilfs zeichnete sich die typische kurzbeinige Körperform der Tiere deutlich ab.

MARDERHUND ERKENNEN

Die Fellfarbe variiert stark. Auf den Punkt gebracht könnte man sagen: weißschwarz oder braun-schwarz meliert plus etliche reinschwarze Körperstellen. Wie der Waschbär hat auch der Marderhund eine Gesichtsmaske. Die schwarzen Augenflecke sind beim Marderhund jedoch oft getrennt. Beim Waschbären ist auch der Nasenrücken schwarz. Der Schwanz des Marderhunds ist ähnlich lang wie der des Waschbären, aber puscheliger und nie geringelt. Seine Laute erinnern eher an Miauen oder Winseln als an Bellen.

DORT GUCKST DU

Marderhunde stammen aus Fernost. 1928 wurden sie im europäischen Teil der Sowjetunion ausgewildert. Seitdem breiten sie sich sehr erfolgreich aus und haben längst auch Deutschland erreicht. Der Verbreitungsschwerpunkt liegt hierzulande im Nordosten. Der Marderhund lebt in Feuchtgebieten und entlang von Flüssen, kommt aber auch in Wäldern und auf Agrarflächen vor. Er bevorzugt das Tiefland. Nachweise über 800 Meter Höhe gibt es nicht.

ILTIS

Mustela putorius, Polecat

LÄNGE (ohne Schwanz): 32–45 cm, **SCHWANZ:** 12–18 cm,
GEWICHT: 0,5–2 kg – nur rund halb so lang wie ein Fischotter

Das ist dein Iltis-Erfolgserlebnis: wenn der Strahl der Taschenlampe auf das Tier fällt und du es anhand der aufleuchtenden „Hell-Dunkel-Maske" identifizieren kannst. Unter allen kleinen Mardern hat nur der Iltis so ein Panzerknacker-Face.

ILTIS ERKENNEN

Ein weiteres Indiz, das für den Iltis spricht, ist die an den Körperseiten durchscheinende hellgelbliche Unterwolle. Ansonsten ist das Fell schwarz-braun. Die Schwanzlänge liegt bei 30 bis 40 Prozent des Körpers und ist damit kürzer als beim Baum- und Steinmarder. Dem Iltis am ähnlichsten ist der Europäische Nerz. Auch dieser hat eine weiß gefärbte Schnauze, ansonsten aber ein dunkles Gesicht (vergleiche Mink: siehe rechts). Auch die weißen Ränder der Ohren fehlen. Der Nerz kommt allerdings lokal nur sehr begrenzt vor (im Norden des Saarlands und am Steinhuder Meer). Baum- und Steinmarder sind größer.

DORT GUCKST DU

Der Iltis kann überall in Deutschland auftreten, scheint aber wesentlich seltener als Baum- und Steinmarder zu sein, und es gibt Belege, dass er gebietsweise stark abnimmt. Er bevorzugt Feuchtgebiete mit Wasserläufen, gesäumt von Gebüsch und anderen Versteckmöglichkeiten, ist aber wahrscheinlich nicht so stark an Wasser gebunden wie Nerz und Mink. Der Iltis dringt auch in Ortschaften ein und kann sich vor allem im Winter in Ställen oder Scheunen einrichten. Seine Baue legt er unter gefallenen Bäumen oder in den Höhlen von Füchsen oder Kaninchen an. Er ist dämmerungs- und nachtaktiv.

MINK

Neovison vison, American Mink

LÄNGE (ohne Schwanz): 30–45 cm, **SCHWANZ:** 15– 25 cm,
GEWICHT: 0,5–1,8 kg – kaum länger als ein Iltis

Ein kurioses Kerlchen: Da kann es sein, dass er im Warnemünder Hafen an der Ostsee neugierig auf einem der Boote herumklettert. Und an der Mole stehen die Leute und filmen ihn. Angler, die es sich auf einem Hocker gemütlich gemacht haben, können ebenfalls damit rechnen, dass einmal ein Mink auf Besuch vorbeikommt. Dabei ist es auch schon passiert, dass der Wassermarder einen Fisch mitgehen ließ.
Wer Spaß hat an solchen Nahbegegnungen, kann sich seinen Mink sogar vom anderen Ufer herüberlocken. Dafür spitzt man die Lippen, erzeugt in der Mundhöhle einen Unterdruck, indem man den Unterkiefer senkt, und saugt die Luft mit einem fiepsenden Geräusch ein. Das kann klappen, denn oft – so scheint es – agiert der Mink nach dem Motto: Neugier geht vor Angst.

MINK ERKENNEN

Einen Mink zu bestimmen, ist eigentlich nicht schwer. Der Amerikanische Nerz, wie er auch genannt wird, ist einheitlich dunkel, von vollmilchschokobraun bis zartbitterschokoschwarz. Nur am Kinn gibt es einen kleinen weißen Fleck. Beim Europäischen Nerz sind auch die Schnauzenseiten weiß.

DORT GUCKST DU

Der Mink lebt amphibisch, ist also zu Wasser und an Land unterwegs. Meist entfernt er sich nicht weiter als 100 bis 200 Meter vom Wasser. Kleine Flüsse mit schwacher Strömung werden gegenüber großen Flüssen bevorzugt. Meeresarme und küstennahe Inseln besiedelt er ebenfalls. Der Verbreitungsschwerpunkt liegt bei uns im Nordosten.
Der Mink ist eher ein Kulturfolger. Er kann nahezu jede Art von Wasserkörper nutzen, während sich der Euro-Nerz ausschließlich an unverbauten Gewässern aufhält. Auch seine geringe Scheu ermöglicht es dem Mink, sein Spektrum der Lebensräume zu verbreitern. Einige Schwerpunktregionen liegen rund um Berlin: Jerichower Land, Landkreis Stendal, Havelland, Märkisch-Oderland und der Landkreis Oder-Spree. Über den Nordosten hinaus haben die Minke mittlerweile auch Nordfriesland, Hessen und Bayern erreicht.
Der Mink ist zwar hauptsächlich nachtaktiv, du kannst ihn aber auch am Tag sichten. Vor allem im Herbst (erhöhter Futterbedarf!) und während der Paarungszeit (Ende Februar bis Anfang April).

FISCHOTTER

Lutra lutra, Eurasian River Otter

LÄNGE (ohne Schwanz): 55–95 cm, **SCHWANZ:** 35–50 cm,
GEWICHT: 4–12 kg – manchmal schwerer als ein Biber, aber schlanker

Es ist ein großes Glück, einen Otter beobachten zu dürfen. Mit ihm ist immer was los. Das Wasser ist sein Element. Der Otter ist sehr agil und wendig, dreht sich beim Schwimmen gelegentlich um die Längsachse, und wenn er abtaucht, macht er das mit Schwung. Dabei taucht der Körper einschließlich Schwanz in einem Bogen ab, zuletzt erscheint die Schwanzspitze, die dann steil nach unten gezogen wird – ein Bestimmungsmerkmal! Unter Wasser kannst du seinen Tauchweg anhand von aufsteigenden Luftblasen nachverfolgen. Jagt er in flachem Wasser an der Oberfläche einen Fisch, ändert er oft die Richtung. Gelegentlich schwimmt er dann auch im Delfinstil, das heißt, er katapultiert sich wellenartig immer wieder über die Wasseroberfläche, vermutlich, um dadurch den Wasserwiderstand zu minimieren.

Hat der Otter Beute gemacht, kann man mit Glück beim anschließenden Fressen dabei sein. Er jagt seine Beute zwar größtenteils im Wasser, frisst sie aber häufig am Ufer, im flachen Wasser oder auf Eisflächen. Wenn er die Beute direkt im Wasser frisst, hält er den Kopf so weit hinten wie möglich. Offensichtlich versucht er so zu vermeiden, dass ihm Wasser in den Hals läuft. Beim Kauen blitzen oft seine weißen Zähne hervor.

Ein Höhepunkt ist sicher, dabei zu sein, wenn zwei Otter zusammenkommen oder eine ganze Familie einen Ausflug macht. Otter sind einerseits sehr verschmust, legen zum Beispiel das Kinn auf dem Scheitel eines Kollegen ab und schließen dabei genießerisch die Augen. Andererseits sind sie sehr verspielt: Sie raufen, tunken sich gegenseitig, drohen mit offenem Maul oder beißen sich zärtlich.

OTTER NACHWEISEN

Am auffälligsten im Otterland sind die Otterwege. Hat sich einer in einem Gebiet etabliert, benutzt er, ähnlich wie der Biber, immer wieder dieselben Wege zwischen bewohnten Gewässern. Auf diesen Wechseln ist nicht nur die Vegetation heruntergetrampelt, sondern auch der Boden tiefer eingedrückt wie entlang einer Reifenspur. Und manchmal wirken diese Wechsel sogar wie angemalt. Das rührt daher, dass sich Otter ihr Fell in schlammigen Uferbereichen schmutzig machen und dann den Dreck entlang der Wechsel an der Vegetation abstreifen.

Otter markieren außerdem ihr Territorium mit Kot. Weil die Tiere immer wieder an dieselben Stellen machen, kann der Kot wie Dünger wirken, weshalb es auf einem „Otterklo" manchmal deutlich üppig grün wuchert. Man sollte auch mal die Nase hinhalten: Es riecht tatsächlich, wie man vermuten würde, ein bisschen fischig, aber auch süßlich – nicht unangenehm.

FISCHOTTER ERKENNEN

Er ist nicht unser schwerster Marder (das ist der Dachs), aber der Fischotter ist mit maximal knapp 1,5 Metern der längste. Sein kurzhaariges Fell ist über Rücken und Flanken nussbraun. Die Unterseite ist weißgrau, einschließlich Unterkiefer, Hals und Wangen. Guckt nur der Kopf aus dem Wasser, heben sich die hellen Stellen deutlich ab.

An der Küste besteht eine Verwechslungsmöglichkeit mit Seehunden. Während diese jedoch nur den Kopf und vielleicht den Rücken aus dem Wasser gucken lassen, sieht man beim Vergleich mit kleineren Ottern oft Kopf, Rücken und Schwanz.

Beim Beobachten kann es spannend sein festzustellen, was der Otter während einer Mahlzeit gerade am Wickel hat. Die Stücke, die er aus seiner Beute herausreißt, sind oft nicht maulgerecht. Da ragt mal ein Froschfuß aus dem Mundwinkel oder die Brustflosse eines Fischs. Anhand von Gestalt, Größe und Färbung des Beutetierteils kann man eventuell die Art bestimmen. Günstig ist, wenn man die Kamera dabei hat und die Szene dokumentieren kann.

DORT GUCKST DU

Der Fischotter erlebt gegenwärtig ein Comeback. Seine Verbreitungsschwerpunkte in Deutschland sind der Nordosten und Ostbayern. Er kommt dort entlang von fischreichen Flüssen und Seen vor. Und auch im Meer fühlt er sich wohl. An Deutschlands Küsten wird er allerdings bislang noch selten gesichtet, am ehesten im Nationalpark Vorpommersche Boddenlandschaft. Der vielleicht beste Ort in Europa, um Otter an der Küste zu sehen, sind die Shetland-Inseln im Norden Großbritanniens. Am liebsten schaue ich Ottern zu, während ich in meinem Kajak sitze.

Der Fischotter ist tags und nachts unterwegs und auch im Winter aktiv. Vermutlich hat ihn bei uns die Verfolgung zum Nachttier gemacht. Mittlerweile gibt es wieder häufiger Sichtungen am Tag. Auf den erwähnten Shetland-Inseln kann man sie regelmäßig untertags sehen. „Küstenotter" sind vor allem bei Ebbe aktiv.

IN DEN BERGEN

ALPENGÄMSE

Rupicapra rupicapra, Chamois

LÄNGE: 100–120 cm, **SCHULTERHÖHE:** 70–80 cm,
GEWICHT: 35–40 kg – mitunter doppelt so schwer wie ein Reh

Zwischenartliche Verständigung ist immer wieder faszinierend. Manchmal muss allerdings erst gelernt werden, was der von der anderen Spezies meint. Bei meiner ersten Nahbegegnung mit einem brunftigen Gamsbock, der seine Rückenhaare aufgestellt hat, ist mein erster Gedanke: Dem stehen die Haare zu Berge, weil er sich vor mir erschreckt hat. Einen Sekundenbruchteil später entdecke ich einen zweiten wie elektrisierten Bock, und es wird klar: Ich bin gar nicht gemeint. Die haben auch keine Angst, die stellen die Haare nur deshalb auf, um sich vor ihrem Konkurrenten größer zu machen, um ihn einzuschüchtern.
Ein anderes Mal regte sich eine Gämse meinetwegen auf, und ich habe das relativ schnell verstanden – weil sich meine Frau auf die gleiche Weise aufregen kann: Es ist kurz vor Weihnachten, es liegt bereits Schnee, und wegen Lawinengefahr muss ich meine Bewegungen auf ein Minimum beschränken. Ich richte mich an einer Felsenklippe ein. Von dort habe ich eine gute Übersicht auf einen Südhang, der von vielen Gämsenspuren durchkreuzt ist. Dann heißt es abwarten, und ich verbringe die Zeit ganz klassisch – mit Teetrinken.
Endlich tut sich etwas: Eine Geiß mit zwei Kitzen kommt vorbei. Das Klicken meiner Kamera verrät mich. Die Tiere gucken zu mir herüber. Da ich jedoch relativ unbeweglich hinter der Kamera kauere, fällt es der Geiß offensichtlich schwer, mich genauer einzuschätzen.
Ich nehme einen heiseren Pfiff wahr. Der kommt von der Geiß und wird üblicherweise als Warnung an Artgenossen interpretiert. Es dauert eine Weile, bis ich zwischen dem Spiegelklappern meiner Spiegelreflexkamera bemerke, wie die Gämse mit jedem weiteren Pfiff hart mit einem ihrer Vorderbeine in den Schnee stapft. Und sie wiederholt dieses Ver-

halten. Pfeifen, schlagen; pfeifen, schlagen – etliche Male. Weiter passiert nichts. Weder machen die Jungen Anstalten zu flüchten, noch tauchen alarmierte Artgenossen auf. Mir wird klar: Die Geiß regt sich „füßestapfend" über mich auf – wie meine Frau, wenn ihr was nicht passt.

MÄNNLEIN ODER WEIBLEIN?

Dies ist oft die erste Frage, wenn Beobachter eine Gämse entdeckt haben. Folgende Merkmale bieten Hinweise auf ein männliches Tier, Bock genannt: massiger Körper (leichter zu sehen in gemischten Herden); Penishaare („Pinsel" genannt) zwischen Vorder- und Hinterbeinen; um 180 Grad gebogene Hornspitzen (bei Weibchen sind die Hornspitzen weniger stark umgelenkt); Pinkeln unter den Körper (statt dahinter).

GÄMSE ERKENNEN

Im Winter auch auf große Distanz unverwechselbar (Bild links): Kein anderes Huftier in den Bergen hat ein schwarzes Fell (Wildschweine – „Schwarzwild" – tagsüber im Winter im Gebirge zu sehen, sind wohl eher die Ausnahme). Im Sommer ist das Fell rötlich, ähnlich wie das des Rehs (Bild rechts). Kein anderes Huftier hat hakenförmig nach hinten gebogene Hörner und eine hell-dunkle Gesichtszeichnung.

DORT GUCKST DU

Gämsen sind in den Alpen weitverbreitet. Deshalb hier nur einige Beispiele: Im Allgäu berichten Gämsen-Beobachter von Sichtungen an folgenden Orten: Spieser, Gimpel/Rote Flüh, Besler. In den Tegernseer Bergen gibt es beim Bergsteigerdorf Kreuth, zwischen Setzberg und Risserkogel am Grubereck, eine Gämsen-Aussichtsplattform mit Infotafel.
Der Nationalpark Berchtesgaden weist den Schneibstein als Beobachtungsort aus.
Ob Gämsen im Schwarzwald je ein natürliches Vorkommen hatten, ist umstritten. Die Nachkommen wiederangesiedelter Tiere sieht man beispielsweise entlang eines Gamspfads bei Todtnau (Start: Parkplatz bei Bushaltestelle Fahl/Todtnauer Hütte; Ziel: Brandenberg Hirschen (an der B317). Schwäbische Alb: am Albtrauf bei Albstadt; Oberes Donautal zwischen Fridingen und Sigmaringen. Es gibt außerdem Berichte über Vorkommen im Elbsandsteingebirge/Nationalpark Sächsische Schweiz. Die Population ist allerdings erloschen.
Gämsen sind tagaktiv. Die Brunftzeit, in der sich Gamsböcke wilde Verfolgungsjagden leisten, findet von November bis Mitte Dezember statt. Die Jungen kommen zwischen Mitte Mai und Mitte Juni auf die Welt.

STEINBOCK

Capra ibex, Alpine Ibex

SCHULTERHÖHE: 70–100 cm, **GEWICHT:** 35–120 kg,
HORNLÄNGE: 1 m – 3 bis 5-mal so lang wie das Horn der Gämse

Über die Jahre habe ich Hunderte Stunden darauf verwendet, Steinböcke zu beobachten. Die Bewunderung für die Tiere ist mit jedem Besuch in ihrem Lebensraum gewachsen, vor allem auch, weil man die Lebensbedingungen dort am eigenen Körper selbst erfährt: Ich habe mich durch meterhohe Schneeverwehungen geschaufelt, um überhaupt erst mal in meine Hütte zu kommen. Schneekristalle sind im Schlaf auf meinem Gesicht gelandet, die der Sturm nachts durch die Hüttenwand presste. Ein anderes Mal – ich war mit Zelt unterwegs – brach mir bei Minusgraden im zweistelligen Bereich das Gestänge.

Und die Könige der Berge? Sind immer draußen, stellen sich in eine Nische und warten das schlechte Wetter einfach ab, lassen sich Mäntel aus Schnee anschneien oder stellen sich hoch oben exponiert auf einen Felsen, als wollten sie mitteilen: Der ROCK-Star, das bin ich. Und das ist mein Reich. (Foto rechts)
In der Brunftzeit im Dezember und Januar lassen es männliche Steinböcke manchmal ordentlich krachen. Der Schlagabtausch kann so vehement sein, dass kein Zweifel besteht, dass es um alles oder nichts geht. Aber sie können auch anders, sind manchmal richtig verschmust, auch dann, wenn die Weibchen nicht interessieren und die Böcke für sich stehen. Da wird die Stirn an der Flanke des Nachbarn gerieben oder auch an dessen Hintern. Oder zwei stecken die Köpfe zusammen und reiben sich auf diese Weise. Dabei entsteht mein Alpenlieblingsgeräusch. Beschmusen sich nämlich Steinböcke tête-à-tête, kommen auch die Hörner in Kontakt. Nicken die Böcke, rattern Hornkanten über Hornschmuckleisten, was dann ein charakteristisches Klock-klock-klock-Geräusch ergibt. Manchmal hört man es schon, noch bevor man die Schmuseziegen zu sehen bekommt. Die Anzahl der „Klocks" steht womöglich proportional zum Alter der Böcke. Mit jedem jährlich neu gewachsenen Jahressegment kommen zwei, manchmal drei Schmuckwülste hinzu. Entsprechend „spielen" die Alten die eindrucksvollste Klock-Musik.

JAMMERND ZUM ZIEL

Während der Brunft sind die Männchen viel unterwegs auf der Suche nach Weibchen, die paarungsbereit sind. Die Wege dieser Böcke mit Fernglas oder Spektiv zu verfolgen, gehört zu den spannendsten Naturerlebnissen. Man lernt, wie sich die Tiere in ihrem Lebensraum bewegen, wie sie klettern oder vor Lawinen davonspringen.
Bei den Weibchen angekommen, verhalten sie sich wie Kinder: Sie versuchen sich klein zu machen, legen die Hörner über den Rücken, damit diese ja nicht bedrohlich wirken, sie geben meckernde Laute von sich, was sich wie Jammern anhört, und sie flippern mit der Zunge, als würden sie um Milch betteln. Die Methode scheint zu funktionieren – die Zahl der Steinböcke in Deutschland wächst.

STEINBOCK ERKENNEN

Der massige, kräftige Steinbockkörper steht auf kurzen Beinen. Aus dem Kopf ragen bis zu einem Meter lange, säbelförmig nach hinten und außen gebogene Hörner, die mit Querwülsten besetzt sind. Sie sind ein unverwechselbares Merkmal männlicher Steinböcke. Rothirsche bilden im Jahr nach der Geburt ein Geweih, das noch unverzweigt ist – sogenannte Spieße. Diese werden ca. 40 Zentimeter lang und wirken im Vergleich mit Steinbockhörnern dünn. Die Hörner der Gämsen sind am Ende hakenförmig, die der Steingeißen dolchartig und auf der gesamten Länge gekrümmt. (Foto rechts)

DORT GUCKST DU

Steinböcke kommen in vier bis fünf Teilregionen in Deutschland vor (Zahlen Stand 2016): Allgäuer Hochalpen bei Oberstdorf (ca. 441 Tiere) – z. B. am Muttlerkopf, Große Steinscharte, Säuling; Nationalpark Berchtesgaden (ca. 210 Tiere) – z. B. Lattengebirge, Hagengebirge, Watzmann; Benediktenwand (ca. 74 Tiere); Brünnstein (ca. 20 Tiere); Ammergebirge (5 bis 6 Tiere, die im Sommer von der Tiroler Seite herüberwechseln).
Im Sommer findest du sie an Nordhängen, wo sie den Schatten suchen. Im Winter halten sie sich an südexponierten Hängen auf, um Sonne zu „tanken". Aber auch im Winter kann es ihnen zu warm werden. Sie liegen dann im Schatten von Felsen oder Bäumen. Bei Sturm können sie sich in Höhlen zurückziehen. Naht das Ende, bleiben sie dort zum Sterben.

MURMELTIER

Marmota marmota, Alpine Marmot

LÄNGE (ohne Schwanz): 47–60 cm, **SCHWANZ:** 13–16 cm
GEWICHT: 3,5–6 kg – in der Gewichtsklasse eines Feldhasen

Mal kurz zu den Murmeltieren rübergucken kann man immer. Sprich: Als Koloniebewohner, die in unterirdischen Bauen leben, sind sie verlässlich immer an denselben Stellen anzutreffen. Es ist auch nicht schwer, sie zu beobachten, höchstens man will besonders nah ran.

Willst du sie unbedingt aus der Nähe sehen, suchst du dir eine Stelle in der Kolonie aus und gehst drauf zu. Irgendwann ist eine unsichtbare Grenze überschritten, dann gibt es Warnpfiffe, und schließlich verschwinden alle erst einmal in ihren Löchern. Aber schon bald gucken sie wieder hervor. Und wenn du dich dann ganz still verhältst, gewinnen sie Vertrauen und tolerieren dich in ihrer Nähe. Wenn du allerdings richtige Action brauchst, empfehle ich aus der Distanz zu beobachten, vielleicht aus einem Tarnzelt heraus. Du brauchst jede Menge Geduld. So kann es auch mal gelingen, dabei zu sein, wenn Fuchs, Steinadler oder Kolkrabe versuchen, in der Murmeltierkolonie Beute zu machen.

Apropos Tarnzelt: Es kann zwar wichtig sein, dass dich ein Beutegreifer, den du abpassen willst, nicht sieht, aber: Bei Angreifern, die aus der Luft kommen, geht es oft ganz schnell. Und bei einem Tarnzelt hast du normalerweise nur ein kleines Loch, das dir den Blick nach draußen ermöglicht. Dabei geht manchmal der Überblick verloren – und im schlimmsten Fall auch die Szene, die du dokumentieren wolltest.

Persönlich habe ich auch Freude an den vielen kleinen alltäglichen Szenen: zum Beispiel, wenn sich ein Murmeltier sonnt. Da passiert zwar nicht viel, aber man muss trotzdem staunen, wie sich so ein plumpes, teils fett

gefressenes Murmeltier sooo platt machen kann. Offensichtlich geht es darum, möglichst viel Körperoberfläche der Sonne so entgegenzustrecken, dass ihre Strahlen senkrecht auf dem Pelz auftreffen. Andererseits sind Murmeltiere auch hitzeempfindlich. Ist es zu heiß, verbringen sie viele Sonnenstunden des Tages untertage.
Sehr lustig ist ebenfalls, wenn Murmeltiere spielerisch kämpfen. Das machen sie zu Beginn oft, indem sie auf den Hinterbeinen stehen. Da wird geschoben und gedrückt, und manchmal kriegt der Gegner einfach mal eins mit ausgestreckten Armen vor den Latz geboxt. Gelegentlich bringt das den Getroffenen ins Wanken, sodass er rückwärts umkippt oder - noch lustiger - rückwärts torkelt, um nicht umzufallen.

SO PFEIFT DAS MURMELTIER

Alpenmurmeltiere verfügen über zwei unterschiedliche Warnrufe – einen einzelnen Pfiff und eine Folge von mehreren kurzen Pfiffen mit einer Dauer von drei bis fünf Sekunden. Der einzelne Pfiff bedeutet: „Höchste Eisenbahn! Es droht unmittelbare Gefahr!" Wenn ein Adler sich bereits im Anflug befindet, ist das eine Situation für den Einzelpfiff. Die Pfeifserie bedeutet: „Aufgepasst! Es KÖNNTE brenzlig werden." Nähern sich Wanderer oder ein Fuchs, hält es das Murmeltier für angebracht, auf diese Art und Weise zu warnen.

MURMELTIER ERKENNEN

Noch so ein Tier, das man eigentlich nicht verwechseln kann. Biber und Nutria klettern nicht auf Almen. Andere Hörnchen – ja, Murmeltiere gehören wie Eichhörnchen und Ziesel zu den Hörnchen – sind wesentlich kleiner. Der Dachs ist größer und hat eine schwarz-weiße Gesichtsmaske.

DORT GUCKST DU

In Deutschland gibt's Murmeltiere nur zwischen Allgäu und Berchtesgadener Land. Ihr Lebensraum sind Bergweiden und felsige Habitate oberhalb der Baumgrenze. Südhänge werden bevorzugt. Hier setzt die Vegetationsperiode früher ein und dauert länger an. Der Boden muss allerdings so beschaffen sein, dass darin Baue angelegt werden können. Vor den Bauen sind oft weit sichtbare Erdhügel aufgeworfen. Zwischen Felsen sieht man das Auswurfmaterial allerdings nicht so deutlich. Andererseits stehen auch die Tiere selbst oft sehr exponiert. Auch das fällt in der Landschaft auf, wenn man mit dem Fernglas die Hänge absucht. Ebenso ihre Warnpfiffe. Die Murmeltiersaison ist kurz. Von Oktober bis in den April hinein ist bis zu sieben Monate Winterschlaf angesagt. Direkt danach, im April und Mai, ist Paarungszeit.

WISENT

Bos bonasus, European Bison

LÄNGE: 2,5–3,5 m, **SCHULTERHÖHE:** 1,5–2 m – Da guckst du kaum drüber!
GEWICHT: 800–900 kg

Entdecke ich Wisente, interessieren mich zunächst zwei Fragen: Wie viele sind es? Und wo baumelt der Zipfel? Wisente sind Herdentiere. Die typische Herde ist eine gemischte Gruppe aus Kühen, ein- bis dreijährigen Jungtieren und Kälbern, angeführt von einer Leitkuh. Erwachsene Bullen stoßen nur in der Brunftzeit dazu. Auch sonst variiert die Herde. Deswegen zähle ich erst einmal durch und gleichzeitig schaue ich, wie sie sich zusammensetzt. Die Bullen sind deutlich größer. Zwischen ihren Beinen, knapp hinter der Mitte, baumelt ein Haarbüschel, das die Position des Penis anzeigt. Kälber und Einjährige sind deutlich kleiner, die Jüngsten in der Fellfarbe deutlich heller.

TIPPS FÜRS SUCHEN

Solange man im Gelände unterwegs ist und noch keine Wisente entdeckt hat, lohnt es sich, auf Hufspuren und Kot zu achten. Im Wesentlichen ähneln diese denen von Rindern. Der Hufabdruck ist handtellergroß und rundlich und durch die Mitte mehr oder weniger geteilt. Der Sommerkot ist der typische Kuhfladen. Im Winter, wenn die Nahrung weniger Wasser enthält, entstehen eher Haufen, die sich aus Brocken zusammensetzen. Wenn sie noch dampfen, dann …
Und auch das ist noch wichtig zu wissen: Das Streifgebiet einer Herde wird mit 100 km² angegeben. Da kann es passieren, dass man den Wisent im Wald wie die Nadel im Heuhaufen sucht.
Problem Tierbeobachter: Es ist ein häufig verbreiteter und teils folgenschwerer Irrglaube, dass nur eine Beobachtung aus nächster Nähe als „gute" Beobachtung gilt. 2016 und 2020 wurden im Rothaargebirge jeweils Hundehalter attackiert, die den Wisenten zu dicht gekommen waren. Einer der Hunde starb. Für die Halter gingen die Attacken glimpflich aus. Doch jeder Zwischenfall liefert den Gegnern dieses einzigen Wisent-Wiederansiedlungsprojekts in Deutschland Argumente und stellt es damit infrage.
Dabei sind Angriffe durch Wisente sehr selten und vermeidbar: Halte mindestens 50 Meter Abstand. Geh mit dem Wisent im Kopf durchs Gelände, geh vorausschauend. So lassen sich auch an unübersichtlichen

Streckenabschnitten Begegnungen auf kurze Distanz vermeiden. Der Hund gehört an die Leine. Greift ein Wisent an: Leine los! Der Hund ist schneller und lenkt von dir ab. Guckt ein Wisent in deine Richtung und wird dabei unruhig, scharrt zum Beispiel mit einem Vorderhuf: nicht gut. Zieh dich sofort zurück, bleib dabei aber ruhig.

WISENT ERKENNEN

Der Wisent ist das größte Huftier Europas und unverwechselbar. Die Bullen sehen aus wie eine Kreuzung aus Rind und Mr. Incredible: extrem muskelbepackte Schultern und hintenherum extrem schmal. Dieses Ungleichgewicht der Körperhälften wird weiter betont durch den massigen, tief getragenen Kopf und durch die Behaarung, die auf Kopf, Hals und Schultern besonders dicht und wollig ausfällt. Auf große Distanz und bei dichtem Nebel ist wohl eine Verwechslung mit dunklen, fleckenlosen Rindern möglich. Nase in den Wind halten! Wisente riechen nach Moschus. Dieser Duft wird als „animalisch" und „strahlend süß" beschrieben.

DORT GUCKST DU

Wisente sind eigentlich keine typischen Gebirgstiere, aber anderswo finden diese Riesen kaum noch Platz. Die beliebtesten Beobachtungsorte für Wisente in Europa liegen in Ostpolen, in den Bieszczady-Bergen sowie im Białowieża-Nationalpark, wobei Letzterer in Verruf gekommen ist, seit die nationalkonservative Regierung dort massiv Bäume fällen lässt. Seit 2013 gibt es nun auch im nordrhein-westfälischen Rothaargebirge wieder eine kleine wild lebende Population. Deren Zukunft ist jedoch ungewiss, weil Wisente im Winter Rinde von Bäumen fressen und geschädigte Waldbesitzer verlangen, die Tiere einzuzäunen.

Wer der rund 20-köpfigen, wild lebenden Herde im Rothaargebirge begegnen will, hat laut rothaarsteig.de auf der gleichnamigen Wanderroute zwischen Albrechtsplatz (Kreuzung B236 und B480) und Dreiherrenstein (nordwestlich von Zinse/Erndtebrück) eine Chance. Youtuber berichten von Begegnungen bei Schmallenberg. Im Dezember 2017 kreuzten Wisente mehrfach die Kreisstraße zwischen Grafschaft und Oberkirchen. Wisente sind grundsätzlich tagaktiv, wobei sie in den Dämmerungsstunden verstärkt zum Fressen unterwegs sein können. Herrscht eine Bullenhitze, nutzen die Tiere auch gern die kühleren Nachtstunden. Die Brunft findet zwischen August und September/Oktober statt. Die Kälber kommen zwischen Mai und Juli auf die Welt.

SCHNEEHASE

Lepus timidus, Mountain Hare

LÄNGE: 57–63 cm, **OHRLÄNGE:** 8–10 cm,
GEWICHT: 2–2,5 kg – größer als ein Kaninchen, kleiner als ein Feldhase

Du musst ihn im Winter gesehen haben! Denn nur im Winter zeigt *Lepus timidus*, was ihn unter den sieben europäischen Hasenartigen so einzigartig macht: sein schneeweißes Fell. An dieser Stelle des Buchs möchte ich noch einmal an den Titel erinnern: „Die siehst du!" Wie gesagt, da steckt ein Versprechen dahinter. Ja, den Schneehasen kriegst du zu sehen! Kann ich nochmals bestätigen. Aber der Anblick ist nicht geschenkt. Du musst ihn dir erarbeiten. Er ist wie eine Gipfelbesteigung. Dafür musst du üben, planen, fit sein und dich generell auf ein Abenteuer einlassen wollen. Leider ist hier nicht der Platz, um zu erklären, wie man im Winter in den Alpen sicher unterwegs sein kann. Wintertage sind kurz und Schneehasen sind nachtaktiv – alles in allem eine echte Herausforderung. Höchstens in der Dämmerung ist zu hoffen, dass du ihn bei Tageslicht siehst. Wenn du also nur einen Tag zur Verfügung hast, musst du im Dunkeln auf- oder absteigen. Oder du lässt dich auf Winter-Camping ein, was eine weitere Disziplin darstellt, die nur mit Erfahrung wirklich Laune macht.
Noch ganz wichtig: deine Einstellung. Was erwartest du? Ein wildes Spektakel? Nein, das wird dir kaum geboten werden. Wenn du Glück hast, siehst du ein kleines weißes Tier, das einfach nur im Schnee rumhockt. Vielleicht kannst du bei minus zwölf Grad und zusammengefrorenen Wimpern noch sehen, dass der Schneehase blinzelt, ein bisschen schnüffelt, gähnt, sich putzt, eine Kleinigkeit knabbert oder versucht, angepappten Schnee von den Sohlen loszuwerden. Wenn du Pech hast, siehst du nur weißen Schnee hinter weißem Nebel.

Warum dann also? Warum sollte ich mir den Schneehasen „antun"? Knapp gesagt: Weil es geil ist. Da steckt der Wunsch dahinter, eins mit der Natur zu werden. In solchen Momenten, allein mit einem Bergtier, ganz oben, kann es gelingen. Es muss sicher nicht der Schneehase sein. Aber dem Wildtier nah, den Elementen ausgesetzt, weit weg von allem zu sein, das hilft, sich mit der Natur zu verbinden. – Aber denk auch dran: Der Winter ist hart. Stresse die Tiere nicht!

SEIT DER EISZEIT ÜBRIG

Der Schneehase ist ein Eiszeitrelikt. Er ist eigentlich gar kein wirklicher Berg-, sondern ein Tundrahase. Mit der nacheiszeitlichen Erwärmung verschwand die Tundra in Mitteleuropa – nur in den Bergen, oberhalb der Waldgrenze, herrschen noch vergleichbare Bedingungen. Nur hier hat er bis heute überleben können.

SCHNEEHASE ERKENNEN

Im Frühjahr und Sommer ist das Fell des Schneehasen gräulich braun. Im Herbst wechselt es auf Weiß. In den Übergangszeiten sieht der Schneehase gescheckt aus. Der Schwanz des Schneehasen ist sommers wie winters einfarbig weiß, beim Feldhasen ist er zweifarbig: oben dunkel, unten weiß. Es kann allerdings dauern, bis sich die Hoppler so hingedreht haben, dass man ihren Schwanz tatsächlich schön präsentiert bekommt.

DORT GUCKST DU

Im Sommer oberhalb des Waldgürtels, von der Krummholzzone bis hinauf in die Felsregion. Im Winter hält sich der Schneehase eher unterhalb der Baumgrenze im Wald auf. In Deutschland beschränkt er sich auf die Alpen zwischen Oberstdorf und Berchtesgaden. Im Nationalpark Berchtesgaden hält er sich in den Bergkiefernwäldern des Wimbachgries auf. Die Lebensräume von Schnee- und Feldhase decken sich teilweise: Schneehase: 1300 bis 2400 m; Feldhase: bis 1600 m. Eine Überschneidung mit dem Lebensraum des Kaninchens gibt es nicht.

Eine sehr gute Alternative außerhalb Deutschlands ist der Cairngorms-Nationalpark in Schottland. Dort leben Schneehasen in höherer Dichte. Sie sind dort auch tagaktiv und weniger scheu.

Der Schneehase macht keinen Winterschlaf. Bei Schneesturm zieht er sich unter Felsen zurück, lässt sich einschneien und gräbt sich im lockeren Schnee Gänge und Höhlen. Ab Februar ist Paarungszeit.

SCHNEEMAUS

Chionomys nivalis, Snow Vole

LÄNGE (ohne Schwanz): 10–13,5 cm, **SCHWANZ:** 5–7,5 cm (ca. 55 % des Körpers), **GEWICHT:** 30–65 g – größer als eine Feldmaus, kleiner als eine Schermaus

Die Schneemaus ist eine Supermaus. Warum? Weil sie in vielem so Maus-untpyisch ist und viele Besonderheiten aufweist. Hier sind acht Fakten, die das belegen:

1. Was sie so attraktiv für Beobachter macht und mit Bergwanderern teilt, ist ihre Vorliebe fürs Sonnenbaden. Und sie ist wenig scheu.
2. Die Schneemaus gehört zu den Wühlmäusen. Sie ist recht groß und erinnert mit ihren runden Formen an einen Pfeifhasen (s. Punkt 8).
3. Wie der Schneehase gilt die Schneemaus als Eiszeitrelikt, der nach der Kaltzeit nichts anderes übrig blieb, als sich in die alpinen Bereiche oberhalb der Baumgrenze zurückzuziehen. In Europa ist sie die einzige Maus, die in großer Höhe vorkommt.
4. Ihr optimaler Lebensraum geht mit dünnen Böden einher. Bei anderen Mäusen ist das Gegenteil der Fall.
5. Sie lebt in erster Linie einzelgängerisch. Im Vergleich mit anderen Mäusen ist sie niemals häufig.
6. Schneemäuse können nicht nur sehr schnell laufen und gut springen, sie klettern auch gut. Vor allem zwischen Felsen kann die Schneemaus als echte „Boulder-Maus" ihre Kletterfähigkeiten ausspielen. Dabei beherrscht sie offenbar auch die Kamin-Klettertechnik – also das Einspreizen zwischen zwei senkrechten Flächen.
7. Schneemäuse sind Schleckermäuler: Gern lecken sie aus Blüten Nektar und Pollen.

8. ERNTE MIT EINEM AFFENZAHN

Die vielleicht eigenartigste Besonderheit der Schneemaus ist, dass sie Heulager anlegt. Diese Eigenheit hat sie mit den Pfeifhasen gemein, die in Nordamerika und Asien leben.

In Europa wird die ökologische Nische dieses kleinen Hasenverwandten von der Schneemaus besetzt. Schneemäuse und Pfeifhasen sammeln also Pflanzenteile, lassen sie zu Heu trocknen, lagern die Ernte in einem Versteck und vertilgen den Vorrat dann im Winter, wenn es sonst draußen nichts mehr zu holen gibt.
Vermutlich um es Feinden schwerer zu

machen, werden in beiden Tiergruppen die benötigten Pflanzen mit einem Affenzahn gesammelt. Meist kann der Beobachter über viele Minuten hinweg dabei sein, wie die Schneemaus viele Male zwischen Ernte- und Sammelstelle wechselt. Da geht es hin und her. Und her und hin. Auf dem Rückweg trägt sie dann immer etwas Grünes im Mundwinkel. Und die Beobachter machen „Ooh" und „Aah", wenn die Schneemaus eine lila Krokusblüte nach Hause bringt.

SCHNEEMAUS ERKENNEN

Das dichte, weiche Fell ist blassgrau mit braunem Anflug. Der Bauch leuchtet weißgrau. Ihre Schnauze ist abgerundet. Sie hat lange Tasthaare und recht große, rundliche Ohren. Wegen ihres Lebensraums, ihrer Größe und der Färbung ist die Schneemaus nicht zu verwechseln.

DORT GUCKST DU

Die Schneemaus ist eine echte Bergmaus. Sie kommt, global gesehen, von Westeuropa bis Kleinasien vor, von den Pyrenäen bis zum iranischen Zāgros-Gebirge. In Deutschland findet man sie nur in den Bayerischen Alpen, oberhalb 1000 Metern bzw. hauptsächlich oberhalb der Baumgrenze, auf alpinen Matten mit Felsblöcken, zwischen Latschen, Alpenrosen oder Wacholder. Idealerweise sind die Gesteinsblöcke, die den Schneemaus-Wohnraum aufbauen, 20 bis 30 Zentimeter im Durchmesser.
Klassische Mäusejäger wie der Fuchs haben im Schneemaus-Habitat weniger gute Karten. Doch zwei Jäger muss sie zwischen den Felsen besonders fürchten: Hermelin und Mauswiesel. Die beiden können ihr gewandt durch Felslücken und schmale Gänge folgen.
Wenn man also bei einer Hochgebirgswanderung eine Pause machen möchte, dann doch bei einem sonnigen Felsenfeld. Dort kann man nicht nur sein Käsebrot und die Aussicht genießen, sondern eventuell auch den Anblick von Schneemaus und Wiesel.
Die Schneemaus ist bei Tag und Nacht aktiv, aber womöglich häufiger am Tag zu sehen als andere Mäuse. Ihre Hauptaktivitätsphasen liegen in der Morgen- und Abenddämmerung. Im Sommer ist sie aber auch auf Felsen beim Sonnenbaden zu beobachten. Im Winter, der im Schneemaus-Habitat neun Monate dauern kann, ist sie ebenfalls aktiv – allerdings meist unter der Schneedecke. Gelegentlich taucht sie auch in Hütten auf, meist in unbewohnten.

BRAUNBÄR

Ursus arctos, Brown Bear

LÄNGE: 150-260 cm, **SCHULTERHÖHE:** 90-135 cm,
GEWICHT: 100-230 kg – oft zwei- oder dreifach so schwer wie ein erwachsener Mann

EIN Bär – als Zahl „1": Genau so viele Individuen der Art *Ursus arctos* tappten während der Recherche zu diesem Buch durch Deutschland. Es handelt sich dabei um den ersten Bär im Land seit „Problembär" Bruno, der 2006 in Bayern getötet wurde. Der neuerliche Zuwanderer, der 2019 kam, lebt unauffällig. Ich habe seinen Lebensraum erkundet und weiß, wo er im Frühjahr Bärlauch gefressen hat. Aber ein einzelner Bär ist natürlich keine Grundlage, um hier im Rahmen des Buchprojekts eine Beobachtung zu empfehlen.
Wer einen wild lebenden Bären erleben möchte, der sollte dahin, wo Bären eine alltägliche Erscheinung sind, zum Beispiel in der Umgebung der „Bärenhauptstadt Europas", nach Kočevje. Das slowenische Städtchen liegt fünfeinhalb Autostunden von München entfernt. Dort werden Bären an Futterstellen gelockt. Von Beobachtungshütten aus kannst du sie aus nächster Nähe beobachten. In der Regel kommt man früh am morgen oder am Nachmittag, um dann zu warten bis die Bären eintreffen.
Wer Braunbären unter natürlicheren Bedingungen beobachten möchte, dem empfehle ich Spanien oder Italien (siehe „DORT guckst du"). Dort funktioniert „Bear-Watching" so, dass man einen Beobachtungspunkt ansteuert oder erwandert und von dort aus dann die Landschaft absucht. An diesen Punkten kommen oft mehrere Beobachter zusammen – Touristen und Einheimische. Die Entfernungen zwischen Standpunkt und Tier sind oft recht weit. Jeder muss für sich entscheiden, ob die Mitgucker und die größere Beobachtungsdistanz als Vor- oder Nachteil zu bewerten sind.

Die Beobachter-Kollegen teilen Wissen und Geselligkeit, können aber auch laut sein und das Naturerlebnis trüben. Die große Distanz setzt voraus, dass man eine gute (teure) Optik mitbringt. Dem einen oder anderen ist wegen der Entfernung die Begegnung nicht intensiv genug. Andere schätzen die Möglichkeit, Beobachtungen machen zu können ohne das beobachtete Tier direkt zu beeinflussen. Und sie schätzen die Sicherheit, die sich durch die Distanz zwischen Mensch und Bär ergibt.

WANDERN IM BÄRENLAND

Weißt du, dass Bären im Gebiet sind, durch das du gerade wanderst, dann sind die Bären auch in deinem Kopf. Das ändert alles: das Gehen, das Reden, das Pausemachen, die Ausrüstung, das Gefühl. Du überlegst dir zum Beispiel, was du machen könntest, wenn da vorne jetzt einer um die Ecke käme. Die einen nennen es „mulmiges Gefühl", für die anderen bringt es den Respekt für die Natur zurück.
Eine Nahbegegnung mit einem Bären wünscht sich nicht jeder und ist auch meist nicht wünschenswert. Beim Trekking entlang von unübersichtlichen Stellen macht man deshalb auf sich aufmerksam – durch Pfeifen oder Sprechen in gemäßigtem Ton. So gibt man dem Bär Gelegenheit rechtzeitig auszuweichen.
Wer auf einer Bären-Tour Pause macht, wählt den Picknickplatz so, dass Gelegenheit ist, die Landschaft zu überblicken. Vielleicht kommt ja ein Bär vorbei. Im offenen Gelände sind die Chancen größer, ihn zu entdecken. Für diesen Zweck solltest du unbedingt ein Fernglas dabei haben. Proviant sollte luftdicht verpackt sein (Gerüche vermeiden!).

BRAUNBÄR ERKENNEN

Dürfte in der Regel kein Problem sein. Eine Verwechslung mit einem Wildschwein ist nachts möglich. Auf Proportionen von Körper, Kopf und Beinen achten!

DORT GUCKST DU

Bären von einer Beobachtungshütte aus sehen, kann man in Slowenien (siehe Abschnitt oben), ebenso in Finnland, Estland, Rumänien und Bulgarien. Distanz-Beobachtungen sind beispielsweise an folgenden Orten möglich: In Italien befindet sich einer der Beobachtungspunkte im Abruzzen Nationalpark am Kirchplatz von Gioia Vecchio, in der Nähe von Pescasseroli. Hier treffen sich Bärenfreunde im Mai, wenn die Bären im Tal darunter vom ersten Grün naschen.
In Spanien ist der Somiedo Nationalpark die erste Adresse für Bärenfreunde – zum Beispiel in der Umgebung von Pola de Somiedo and Fondos de Vega. Im April, Mai und Juni futtern sie Frühlingspflanzen, später im Sommer finden sich die Bären an den Berghängen ein, um Haselnüsse zu ernten.
Wandern in Bärenland kann man im norditalienischen Adamello-Brenta-Gebiet, in der Umgebung des Tovel-Sees. In der Dämmerung ist der Bär am ehesten los.

AM MEER

SEEHUND

Phoca vitulina, Common Seal

LÄNGE: bis 1,65 m – so groß wie ein kleiner Tierbeobachter
GEWICHT: bis 150 kg – so schwer wie ein dicker Tierbeobachter

Wer hätt's gedacht: Nicht nur Robben robben, auch Seehunde bewegen sich an Land in einer rollenden Bewegung fort, ohne die Hinterbeine unter den Körper zu bringen. Tatsächlich gehören beide Arten zu den Hundsrobben, bei denen die Beine nach hinten ausgerichtet sind und nicht unter den Körper gedreht werden können. Das Hoppeln auf vier Beinen beherrschen die anderen zwei Robbengruppen, die Ohrenrobben und die Walrosse. Beide sind an deutschen Küsten nicht vertreten.

Das Robben an Land sieht sehr ungelenk aus. Man wird sich aber wundern, wie dynamisch die Tiere mit dieser Technik unterwegs sein können, wenn es darauf ankommt. Sie bringen es am Strand zwar nur auf 2 km/h, können einem aber überraschend fix auf die Pelle rücken. Immerhin sind 2 km/h gleich 0,5 m/sec! Sicherer ist, Abstand zu halten und Jungtiere zu beobachten, wie sie sich im Übermut wie junge Hunde hin und her werfen und vielleicht sogar mit einer rotierenden Brustflosse Sand schleudern.

Ein Seekajak bietet eine tolle Beobachtungsplattform. Im Meer bestimmen die Tiere, wie nahe sie dem Beobachter sein wollen. Vom Kajak aus lässt sich wenigstens ein Stück weit ins Wasser blicken, und wenn sich ein neugieriger Seehund um die eigene Achse und unterm Boot hindurch dreht, bekommt man eine Ahnung, wie ideal diese Tiere für das Element Wasser geschaffen sind. Wer in seinem Kajak allerdings Fische transportiert, muss damit rechnen, dass ein Seehund auch mal versucht an Bord zu springen. Gut, wer da eine Eskimorolle beherrscht!
Weniger abenteuerlich, aber sehr beliebt, sind Fahrten mit einem Ausflugsschiff zu den Seehund-Sandbänken. Diese Fahrten boomen geradezu.

SEEHUND ERKENNEN
Die Seehunde sind die Stars der Nordsee. Das sieht man schon an den Auslagen der Souvenir-Shops. Ein Grund dafür ist sicherlich ihr Gesicht. Mehr Kindchenschema geht kaum: rundlicher Kopf, Stupsnase, große Kulleraugen.
Seehunde sind mittlerweile wieder sehr präsent – zumindest in der Nordsee. 2020 schätzten Experten den Gesamtbestand im deutsch-dänisch-niederländischen Wattenmeer auf über 40.000 Tiere. Die Zahl der Kegelrobben hat sich ebenfalls vermehrt, lag aber 2020 noch bei unter 8000 Tieren. Öfter mal teilen sich Seehunde und Kegelrobben die Strände. Um sie zu unterscheiden, muss man schon auf Details achten
Global gesehen variieren Seehunde sehr stark in der Färbung. An deutschen Küsten scheinen dunkelgraue mit schwarzen Flecken vorzuherrschen. Bei Kegelrobben-Weibchen ist diese Fleckung oft intensiver. Kegelrobben-Männer sind insgesamt dunkler. Weitere Merkmale: siehe Kapitel Kegelrobbe.
Die Paarungszeit liegt etwa zwischen Juli und September. Anders als die Kegelrobben paaren sich Seehunde im Wasser. Die Geburtszeit liegt im Bereich Mitte/Ende Mai bis Juni.

DA GUCKST DU
Während der Recherche zu diesem Kapitel hatte ich begonnen, alle Orte zwischen Sylt und Borkum aufzulisten, an denen Seehunde anzutreffen sind. Irgendwann habe ich das abgebrochen, denn es ist ganz einfach: Seehunde finden sich mittlerweile praktisch auf allen Sandbänken entlang der deutschen Nordseeküste. Und nahezu jeder Küstenort bietet Beobachtungsfahrten dorthin an.
Von den Booten aus bekommt man einen Eindruck von der Weite der Wattlandschaft und wie die Seehunde darin verbreitet sind.
An der deutschen Ostseeküste sind Seehunde immer noch eine Seltenheit. Nur gelegentlich schauen umherwandernde junge Tiere dort mal vorbei.
Ein ganz anderer Eindruck entsteht auf Helgoland. Was über die Hochseeinsel im Kapitel zu den Kegelrobben beschrieben steht, trifft auch für die Seehunde zu: Man kommt extrem nah ran und hat Gelegenheit, auf Details zu achten: zum Beispiel, wenn ein Seehund gähnt und dabei seine Zähne zeigt. Dann will man wirklich nicht gebissen werden. Oder wenn er sich kratzt und die mit fünf Fingernägeln bestückte Brustflosse in die Höhe streckt. Da kann man nachvollziehen, dass diese Flossen zu einem früheren Evolutionsstadium mal Füße waren.

KEGELROBBE

Halichoerus grypus, Grey Seal

LÄNGE: meist über 2 m, **GEWICHT:** (Bullen): bis zu 290 kg – doppelt so massig wie ein Seehund

Das eindrücklichste Erlebnis mit Kegelrobben gibt's auf Helgoland im Winter. Hier im „größten maritimen Kreißsaal" kann man beobachten, wie Robbenbabys zur Welt kommen – unter Bedingungen, fast wie im Streichelzoo. Kein Anschleichen, kein Verstecken, die Tiere liegen einfach da und man könnte bis auf wenige Meter an die Tiere herankommen. Eine allgemeine Beobachterregel lautet jedoch: Nicht näher als 30 Meter!

Gelegentlich kommt es zu Missverständnissen. Die teils hell-dunkel gescheckten Tiere sind zwischen Sand und Treibgut gut getarnt und rühren sich lange nicht. Manche Besucher sind da fast schon drübergestolpert. Manchmal sind es aber auch die Robben, die sich den Besuchern nähern. Kegelrobben tragen allerdings 32 überzeugende Argumente in ihrem Maul, die alle spitz sind (Foto rechts oben). Robbenbeobachter tun gut daran, bei Missverständnissen klein beizugeben.

Zur gleichen Zeit, im Dezember und Januar, kann man auch die Paarung der Tiere beobachten, die ebenfalls an Land stattfindet. Bereits eine Woche nach der Geburt ihrer Jungen sind die Weibchen bereit, sich wieder zu paaren. Ist das dann Voyeurismus, wenn man da zugucken möchte?

Egal, wichtiger ist, denke ich, dass das Winterrobben-Watching ein entscheidender Wirtschaftsfaktor darstellt. Ohne die Beobachter blieben viele Touristenunterkünfte auf Helgoland leer – ein Argument, das viele Zweifler des Tierebeobachtens überzeugen kann.

KEGELROBBE ERKENNEN

Im Winter leben auf Helgoland hauptsächlich Kegelrobben, im Sommer teilen sich die Robben die Strände mit Seehunden. Zum Teil liegen die beiden Arten dicht an dicht und dann muss man schon genau hinschauen. Kegelrobben sind viel massiger als Seehunde. Ihre Schnauze ist gestreckter.
Unterschiede gibt es auch bei der Fellmusterung. Bei Kegelrobben-Weibchen sind die dunklen Flecken auf hellem Grund stärker ausgeprägt als bei Seehunden. Die Kegelrobben-Männer sind insgesamt dunkler als die Weibchen.
Die Jungen tragen für zwei bis vier Wochen den gelblich weißen Lanugo-Pelz, eine Art Schutzfell. Wenn sie dieses dann wechseln, gibt das drollige Motive. Zwischen Februar und Mai wechseln die Alttiere ihr Fell.
Vor allem wenn die Tiere senkrecht im Wasser dümpeln und nur der Kopf herausragt, wird die namensgebende Form des Kopfes besonders deutlich. Und kegelförmig ist nicht nur die Schnauze, sondern auch die Spitzen der Backenzähne. Beim Seehund haben die Backenzähne drei bis fünf Zacken.

Oft wird auch noch die Stellung der Nasenlöcher aufgeführt, um Kegelrobben und Seehunde voneinander zu unterscheiden. Bei Kegelrobben sollen sie senkrecht stehen, bei Seehunden eher v-förmig in einem Winkel zueinander. Tatsächlich kommt man nahe genug an die Tiere heran, um auf so ein Detail zu achten. Allerdings finde ich diese Unterscheidung nicht besonders überzeugend.
Ich würde sagen: Die Nasenschlitze bei der Kegelrobbe sind ebenfalls v-förmig angeordnet, allerdings weniger deutlich. In jedem Fall lohnt der tiefe Blick ins Gesicht der Tiere.

DORT GUCKST DU

Nordsee: Am Strand der Helgoländer Badedüne können sich Besucher bis auf 30 Meter nähern. Die Promenade auf der Insel Borkum führt zum Robbenliegeplatz beim Hohen Riff. Seehunde gibt's da auch. Ein weiterer exklusiver Platz der Kegelrobbe im Wattenmeer ist die Kachelotplate, eine Sandbank nordöstlich von Borkum.
Ostsee: Halbwüchsige Kegelrobben sind regelmäßige Gäste im Nationalpark Vorpommersche Boddenlandschaft. Ein beliebter Rastplatz und möglicher Beobachtungsort liegt im Prerowstrom. Auch im Nationalpark Jasmund schauen sie vorbei. Zur Welt kamen Ostsee-Kegelrobben bislang in Gebieten, die viele Hundert Kilometer weiter östlich liegen – ebenfalls im Winter, auf dem Packeis der östlichen Ostsee. Seit 2018 ist nun belegt, dass Kegelrobben auch wieder an der Küste von Mecklenburg-Vorpommern geboren werden.

SCHWEINSWAL

Phocoena phocoena, Harbor Porpoise

LÄNGE: 1,3–1,9 m, **GEWICHT:** 50–90 kg – Dimensionen wie ein Mensch

"Da musst du aber Glück haben", sagen die einen. Ich sage: Schweinswale zu beobachten ist pure Meditation. „Wal-Meditation" macht man beispielsweise bei einer Schiffsfahrt von Büsum nach Helgoland. Damit die Wal-Meditation gelingt, muss einiges vorbereitet sein.
1. Platzwahl: Der schönste Platz auf einem Schiff ist vorn, gleich zwischen Kate Winslet und Leonardo DiCaprio, dort wo sie für den Film Titanic standen. Vor einem die unendliche Weite der See, hinter einem der Rest der Welt. Falls da kein Platz ist, ist es etwas seitlich des Bugs auch okay (auch wenn man dann den Überblick auf die andere Seite verliert). Günstig ist, mit dem Licht zu schauen, damit man, wenn der Wal auftaucht, mehr Details erkennt: zum Beispiel die helle Unterseite beim Schweinswal. Und noch was: Unbedingt draußen an Deck sitzen und sich vom Wind so richtig durchpusten lassen.
2. Ausrüstung: Man sollte sich entscheiden, entweder durch das Fernglas zu gucken oder durch die Kamera mit langem Objektiv. Das Fernglas hängst du gleich um – nicht irgendwo tief in der Tasche vergraben. Die Kamera sollte so voreingestellt sein, dass man mit 1/1000 belichtet, weil sich sowohl der Wal als auch das Schiff bewegen. Vermeide es, die Kamera direkt auf der Reling abzustützen. Die Motoren bringen ein Schiff zum Vibrieren. Dadurch verwackelt dein Bild. Kleidung: Unbedingt warm einpacken, auch den Kopf. Nicht von der Ruhe im Hafen täuschen lassen, auf hoher See ist es immer windig.
Und schon kann's losgehen mit der Wal-Meditation: Einfach die Nase in den Wind halten, aufs Meer blicken, atmen und die Gedanken abschalten. Es sei denn, du bist auch Vogelbeobachter. Dann hast du natürlich jede Menge zu tun, um all die Samt- und

Der hat allerdings einen etwa 5 Zentimeter längeren Schädel. Das hört sich nach wenig an, fällt aber auf den ersten Blick auf. Hingegen ist die Schnauze des Schweinswals abgerundet stumpf. Ein noch wichtigeres Unterscheidungsmerkmal ist die Vorderkante der Rückenflosse: Beim Tümmler verläuft sie stärker in einem Bogen, beim Schweinswal tendiert der Bogen zu einer Geraden. (s. Bilder oben und unten)

Eiderenten, Trottellummen und Basstölpel zu bestimmen. Aber das ist ja typisch für die Meditation, irgendetwas stört immer. Fang die Gedanken wieder ein. Und lass die innere Stimme sagen: „Nein, die Möwe bringt mich da jetzt nicht raus. Das mach ich nur für den Schweinswal."

Nun kann es während der bis zu dreistündigen Überfahrt nach Helgoland gut sein, dass sich in Sachen Wal gar nichts tut. Aber wenn, muss alles ganz schnell gehen: Raus aus der Meditation, ran an die Kamera: Drei, vier, fünf Mal taucht er auf, ist für drei, vier Bilder pro Auftauchen an der Oberfläche, dann ist das Schiff schon vorbei, der Wal außer Sicht. Aber egal, das reicht. Die Freude ist riesig. Danach kann's wahlweise mit einer weiteren Runde Meer-Meditation oder Meerenten weitergehen.

SCHWEINSWAL ERKENNEN

Der Schweinswal gilt als die einzige regelmäßig vorkommende Walart in Nord- und Ostsee. Möglich ist trotzdem, dass auch mal ein Großer Tümmler auftaucht.

DORT GUCKST DU

Ein relativ sicherer Beobachtungsort ist der Jadebusen beziehungsweise der Südstrand in Wilhelmshaven. Von hier aus kann man besonders im Frühjahr bei ruhiger See fast regelmäßig die kleine Rückenflosse eines Schweinswals auftauchen sehen. Als beste Zeit wird von April bis Anfang Juni angegeben.

An der Westküste der Insel Sylt gibt es einen Whalewatching-Trail mit Infotafeln. Ab Ende Juni bis August sollen die Chancen, vor Sylt einen Schweinswal zu sehen, am größten sein. Die gleichen Bedingungen – ohne offiziellen Trail – gibt es an der südlich von Sylt gelegenen Insel Amrum. Vor beiden Inseln liegt Europas erstes Walschutzgebiet.

Auch in der Ostsee kommen Schweinswale vor. Doch hier muss man noch mehr Glück haben. In den Gewässern des Nationalparks Vorpommersche Boddenlandschaft werden sie zuweilen gesichtet.

Für einen optimalen Tag sollte es nicht zu windig sein, denn wenn die Wellen zu hoch sind, kann man dazwischen die Flossen kaum noch ausmachen.

SERVICE

RALF BÜRGLIN

Ralf Bürglin ist Biogeograph und Journalist. Seit über 30 Jahren reist er mit Fernglas, Kamera und Mausefalle um den Globus. Immer auf der Suche nach wilden Tieren. Seine Beobachtungen und Reportagen veröffentlicht er in Büchern und Zeitschriften wie Terra, Geo, Kosmos, Natur und Zoon sowie online auf mammalwatching.com. Tiere beobachten ist für ihn Handwerk und Intuition, Ergebnis eines kreativen Prozesses und gelebte Lebensfreude. 2019 wurde Ralf Bürglin mit dem „Nutter Award" – einer Art Oscar für Tierbeobachter – in der Kategorie „Bester Bericht über eine unbekannte Säugetierart" für seine Story über den chinesischen Zwerg-Bharal ausgezeichnet. Zuhause im Schwarzwald beobachtet er wann immer möglich einheimische Tiere.

Zuletzt bei Kosmos erschienen: Sie sind wieder da – Bär, Luchs und Wolf erleben

Foto: Marie Lou Bürglin

FOTO-BILDNACHWEIS

Mit 85 Fotos von **Ralf Bürglin**: S. 6, S. 7, S. 8 u, S. 9 u, S. 12, S. 13, S. 14, S. 17, S. 18 l, S. 20/21, S. 26 o, S. 26 u, S. 31 ur, S. 32, S. 34 u, S. 35 o, S. 37 u, S. 43 u, S. 44, S. 45 o, S. 45 u, S. 47 o, S. 47 u, S. 49 o, S. 49 u, S. 53 o, S. 55 u, S. 56 u, S. 57 u, S. 58, S. 59 o, S. 59 u, S. 65 u, S. 66 o, S. 66 u, S. 67 o, S. 68, S. 69 ul, S. 70, S. 71 u, S. 71 o, S. 72, S. 73 u, S. 73 o, S. 74, S. 80, S. 81 o, S. 81 u, S. 83, S. 88, S. 91, S. 92, S. 93 o, S. 94, S. 95 l, S. 95 r; S. 96/97, S. 98 o, S. 98 u, S. 99 l, S. 101 o, S. 108 ol, S. 108 or, S. 109 o, S. 111 or, S. 112/113, S. 114, S. 115 o, S. 115 u, S. 116, S. 117 o, S. 117 u, S. 120, S. 121 u, S. 123 u, S. 126, S. 127 o, S. 127 u, S. 128/129, S. 130 u, S. 131, S. 132, S. 133 o, S. 133 u, S. 135 o;
Weitere Fotos von: Berbers, Frank, S. 10; **Blanken, Robert** S. 33 ur; S. 121 o; **Bennett, Sharon** S. 111 ol; **Bonnet, Timothée** S. 125 l, S. 125 r; **Cazeneuve, Philippe**, S. 33 ul; **Dahlmann, Frank**, S. 102; **Deschandol, Frank**, S. 78; **Eberhart-Hertel, Luke**, S. 11, S. 141; **Engehausen, Jörg** und **Nehring, Ulrike**, S. 100 o, S. 104, S. 105 o, S. 105 u; F**armer, Paul**, S. 89 u; **Gairing, Anja**, S. 19; **Gehrlein, Stefan**, S. 9 o, S. 67 u., S. 75 or, S. 85 u, S. 107 o; **Heeb, Albert**, S. 31 ol, S. 40/41, S. 56 o, S. 100 u; S. 118, S. 119 o, S. 119 u; S. 136/137; **Henk, Armin**, S. 8; **Hüttche, Silke**, S. 99 l; **Hurst, Jürgen**, S. 39 o; **Hows, Mark**, S. 18 r, S. 27, S. 110; **Iglesias, Fernando**, S. 34 o; **Joerres, Ulrike**, S. 134; **Knutsson, Hanna**, S. 16, S. 43 u, S. 43 o, S. 62/63, S. 69 ur, S. 75 ol, S. 82 o, S. 82 u, S. 87 ol; **Leitl, Rudolf**, S. 60, S. 61 o, S. 61 u; **Melling, Tim**, S. 22/23 S. 29 o, S. 42 o, S. 46, S. 55 o, S. 65 o, S. 86, S. 87 or, S.106 ul, S.109 u; S. 122, S. 123 o, S. 130 o, S. 135 u; **Pulsar/Presser**, S. 15; **Regelink, Johannes**, S. 103 l; **Reich, Izabela**, S. 53 u; **Resch, Stefan**, S. 24, S. 25 o, S. 50, S. 51, S. 79 o, S. 79 u; **Rößler, Andreas**, S. 48; **Sasek, Hrvoje**, S. 77 u; **Schwarting, Hans**, S. 38, S. 39 u; **Secco, Gianpiero**, S. 77 o; **Siepmann, Kerstin**, S. 52; **Singer, David**, S. 84; **Sprecher, Walter**, S. 2/3, S. 64, S. 89 o; **San Martin, Gilles** S. 36, S. 37 o, S. 103 r; **Wähner, Patrick**, S. 30, S. 85 o, S. 106 ur; **Wansink, Dennis**, S. 124; **Wasley, Roger**, S. 25 u, S. 28, S. 29 u, S. 54, S. 57 o, S. 76, S. 90, S. 93 u, S. 101 u, S. 107 u

NÜTZLICHE INFOS

WEITERFÜHRENDE BÜCHER

Bürglin, Ralf:
Sie sind wieder da – Bär, Luchs und Wolf erleben. Kosmos Verlag

Dietz, Christian; Nill, Dietmar; von Helversen, Otto: Handbuch der Fledermäuse – Europa und Nordwestafrika. Kosmos Verlag

Hecker, Frank: Tierspuren lebensgroß – 50 Tierspuren und wer sie hinterlässt. Kosmos Verlag

Kiefner, Ralf: Deinen ersten Wal vergisst Du nie … Kosmos Verlag

Richarz, Klaus; Limbrunner, Alfred: Welche Tierspur ist das? – 106 Spuren und Fährten einfach bestimmen. Kosmos Verlag

RECHERCHE-LITERATUR FÜR DIESES BUCH (AUSWAHL)

Aulagnier, S., 2009: Mammals of Europe, North Africa and the Middleeast. Bloomsbury

Dinets, Vladimir, 2015: Field Guide to Finding Mammals in North America. Peterson Field Guides

Cornette, Raphaël et. al., 2015: Does bite force provide a competitive advantage in shrews? The case of the greater white-toothed shrew. Biological Journal of the Linnean Society 114 (4), February 2015

Geske, Christian, 2014: Maßnahmen zum Schutz des Feldhamsters (*Cricetus cricetus*) in Deutschland. Natur und Landschaft, August 2014

Mayer, John J., 2013: Wild Pig Attacks on Humans. Wildlife Damage Management Conferences – Proceedings, 151

Menon, Vivek, 2014: Indian Mammals – a field guide. Hachette India

Metcheva, Roumiana et. al., 2008: The snow vole (*Chionomys nivalis*) as an appropriate environmental bioindicator in alpine ecosystems. 2008 Mar 1; 391(2-3): 278-83

Schaefer, Matthias, 2018: Brohmer – Fauna von Deutschland. Quelle und Meyer, 25. Auflage

Schmolz, Michael, 2020: Die siehst Du! – Die Vögel um dich herum – Der Kosmos Naturführer

Skumatov, Dimitry V. et. al., 2016: Mustela putorius. IUCN Red List on ResearchGate

NÜTZLICHE WEBSEITEN

Online-Infos zu **Tierarten und Schutzprojekten** finden sich bei folgenden Organisationen: www.bund.net/themen/tiere-pflanzen/alle-tiere-pflanzen/
www.deutschewildtierstiftung.de
www.nabu.de/tiere-und-pflanzen/saeugetiere/index.html

Beim **Nabu** findest du unter „Batnight" oder „Fledermaustermine" außerdem auch Führungen zu Fledermäusen – nach Terminen und Orten sortiert.

Auf den Webseiten der **16 deutschen Nationalparks** finden sich ebenfalls Informationen zu Tiervorkommen und teilweise zu Beobachtungsmöglichkeiten (Bayerischer Wald, Nationalpark Berchtesgaden, Eifel, Hainich, Hamburgisches Wattenmeer, Harz, Hunsrück-Hochwald, Jasmund, Kellerwald-Edersee, Müritz, Niedersächsisches Wattenmeer, Sächsische Schweiz, Schleswig-Holsteinisches Wattenmeer, Schwarzwald, Unteres Odertal, Vorpommersche Boddenlandschaft)

www.kleinsaeuger.at – bietet gründlich recherchierte **Informationen über mitteleuropäische Kleinsäuger** – von A wie Alpenwaldmaus bis Z wie Ziesel

www.mammalwatching.com – listet Berichte von **Tierbeobachtern** weltweit (auf englisch)

REGISTER DER SÄUGETIERE

„FÜR EIN HERMELIN WÜRDE ICH IMMER STOPPEN!“

Ralf, wie bist du zum Beobachten von Säugetieren gekommen?
Da war ich noch ein Kindergartenkind. Bei Fahrten zu meinen Großeltern. Auf der A5 durchs Oberrheintal zählte ich mit meinem Vater um die Wette, wer die meisten Feldhasen sieht.

Machst du das heute auch noch?
Wenn ich neu in einer Landschaft oder erschöpft von einer Beobachtungs-Tour auf der Heimreise bin, suche ich mir gerne einsame Sträßchen aus, blicke in die Landschaft zu beiden Seiten und fahre rechts ran, wenn ich ein Tier entdeckt habe.

Und wie sieht die eigentliche Tour aus?
Da gibt's viele Varianten. Ich beobachte beim Wandern durch die Berge, beim Paddeln, warte in einem Versteck oder schaue links und rechts beim Joggen.

Tiere Beobachten beim Joggen – wie soll das gehen?
Ich habe meist ein Pocket-Fernglas eng über die Brust geschnallt. Wenn ich an einer Stelle das Gelände überblicken kann oder mir ein Reh auf dem Weg begegnet, halte ich an und bringe den Puls runter, damit ich mein Fernglas auch ruhig halten kann.

Was denkst du beim Beobachten?
Bei einem Reh interessiert mich zunächst meist Geschlecht und Alter. Oder auch der Zustand. Ist das ein junges oder älteres Weibchen? Ist es trächtig? Wie rund ist der Bauch? Wie dick ist der Euter? Könnte sie schon ein Junges haben?

Hast du ein Lieblingssäugetier?
Bären, Wölfe, Luchse ... über die Jahre sind immer wieder neue Arten zu Lieblingstieren geworden. Wenn ich entschieden habe, mich einer Tierart für ein Foto- oder Artikelprojekt zu widmen, dann ist diese Tierart auch gleich mein neues Lieblingstier. Es gibt allerdings eine Tiergruppe, die mich schon sehr lange beschäftigt und nicht loslässt.

Welche Tiergruppe ist das, die dir's besonders angetan hat?
Steinböcke und Gämsen. Ich bin einfach sehr gerne in den Bergen, weil man dort eher unverfälschte Natur erleben kann oder zumindest Kulturlandschaften, die noch nicht so übernutzt sind.

Und was fasziniert dich an Steinböcken und Gämsen an sich?
Steinböcke mit ihren langen Hörnern erscheinen mir sehr majestätisch. Gämsen sind sehr draufgängerisch. Bei beiden begeistert mich, wie sie sich in ihrem gefährlichen Lebensraum relativ sicher bewegen.

Gibt's für dich sonstige Säuger-Highlights?
Einen Biber muss man einfach mal gesehen haben. Dieser Schwanz! Begegnungen mit Dachsen sind immer lustig. Oft bekommen sie erst sehr spät mit, dass man in ihrer Nähe ist. Auch ein Hermelin ist es immer wert, dass man für es stoppt und guckt.

IMPRESSUM

Umschlaggestaltung von Populärgrafik, Stuttgart
unter Verwendung von 4 Farbotos von Shutterstock
(U1: Fuchs Christopher MacDonald, Hase: WildlifeWorld,
Eichhorn: nelik und U4 Hirsch: Eric Isselee)

Mit **198** Farbfotos.

Die doppelseitigen Kapitelaufmacher zeigen:
S. 2/3 Junger Fuchs von Walter Sprecher;
S. 20/21 Reh und Spaziergänger von Ralf Bürglin;
S. 22/23 Fuchs und Reh von Tim Melling;
S. 40/41 Rotwild von Albert Heeb;
S. 62/63 Eichhörnchen von Hanna Knutsson;
S. 96/97 Nutria von Ralf Bürglin;
S. 112/113 Steinbock von Ralf Bürglin;
S. 128/129 Kegelrobbe von Ralf Bürglin;
S. 136/137 Hermelin von Albert Heeb;

Bilder auf der vorderen und hinteren Klappenoberseite –
Luchs und Rothirsche – beide von Ralf Bürglin.

Alle Angaben in diesem Buch erfolgen nach bestem Wissen und Gewissen. Sorgfalt bei der Umsetzung ist indes geboten. Verlag und Autoren übernehmen keinerlei Haftung für Personen- Sach- und Vermögensschäden, die aus der Anwendung der vorgestellten Materialien und Methoden entstehen könnten. Dabei müssen geltende rechtliche Bestimmungen und Vorschriften berücksichtigt und eingehalten werden.

Unser gesamtes Programm finden Sie unter **kosmos.de**.
Über Neuigkeiten informieren Sie regelmäßig unsere
Newsletter, einfach anmelden unter **kosmos.de/newsletter**.

DER NATURFÜHRER No. 1*

* Quelle: Media Control MC Metis, Deutschland, FY 2021,
WG 420- Natur und WG 422-Naturführer, Umsatz

Gedruckt auf chlorfrei gebleichtem Papier

MIX
Papier aus verantwortungsvollen Quellen
FSC www.fsc.org FSC® C015829

ISBN 978-3-440-17239-1
Redaktion: Monika Weymann
Gestaltungskonzept: Populärgrafik Stuttgart
Gestaltung und Satz: Populärgrafik Stuttgart
Produktion: Markus Schärtlein
Druck und Bindung: Printer Trento, Trento
Printed in Italy / Imprimé en Italie

An Bach, Fluss und See— Seite 97

Biber
—Seite 98

Bisam
—Seite 100

Wasserfledermaus
—Seite 102

Waschbär
—Seite 106

Wasserspitzmaus
—Seite 107

Fischotter
—Seite 110